テキストアナリティクス 6
金融・経済分析のためのテキストマイニング

Text Analytics 6

金 明哲［監修］　テキストアナリティクス

金融・経済分析
のための
テキストマイニング

和泉 潔・坂地泰紀・松島裕康

岩波書店

はじめに

　最近では，人工知能(AI)，機械学習，ビッグデータ解析といった言葉が広く報道されて，画像解析，音声解析，さらにチェスや囲碁などのゲームの分野でも，応用が進んでいる．様々な分野で AI が使われるようになった背景には，3つの要因がある．1つはビッグデータであり，これは様々な分野で入手できるようになった．例えばフェイスブックであれば，100万人の顔の画像が簡単に入手できるようになった．次いで深層学習(Deep Learning：ディープラーニング)である．のちほど，最新の状況を報告したい．3つ目は，大規模なデータに対して非常に高速で複雑な解析をすることを可能にする大規模並列計算技術，コンピューティングパワーである．

　金融分野でも人工知能技術，特に機械学習技術を用いたデータマイニングの応用が急速な勢いで進んでいる．しかし，金融分野では画像や音声に比べて小規模なデータしかなく，スモールデータを扱うことは技術的な試練である．金融市場に直接関係する金融価格や経済指標のデータはスモールデータであるが，それ以外の新たなデータを金融分析に活用する技術も発展してきた．従来は金融・マーケット解析に使われていなかった新しいデータを，分析に取り込めるようになったのである．いわゆるオルタナティブデータを取り込めるようになったことは，大きな発展である．特に，ニュース報道や官公庁，企業の発表資料やソーシャルメディアのコメントなどのテキストデータが，金融分析において，なくてはならない重要な定量分析のデータとなった．

　本書では，金融市場分析を中心に，金融テキストマイニングを行うための基本的な技術や背景にある考え方を解説する．金融テキストマイニングには自然言語処理，機械学習，多変量解析，時系列解析等の複数の分野の技術を絶妙に組み合わせる独特のハウツーが必要となる．機械学習の手法で力押しをしても，実際の金融市場分析には使い物にならない恐れもある．

　本書では，金融テキストマイニングの枠組みと基礎的な知識をできるだけ実

践的にわかりやすく解説した．大学の学部学生から実務家・専門家まで，新た
に金融テキストマイニングを始めてみたい人たちは，ぜひ本書に書かれている
金融テキストマイニングでの独特な注意点や思考方法を学んで，実際のデータ
の分析に挑戦してほしい．

なお，本書の内容の一部は，著者らによる過去の論文に加筆・修正を加え
たものである．第 5 章は文献 [1]，第 6 章は文献 [2]，第 7 章は文献 [3] および
[4]，第 8 章は文献 [5]，第 9 章は文献 [6]（9.1 節）[1]および [7]（9.2 節）をベース
とした．

---

1 9.1 節は，『証券アナリストジャーナル®』2017 年 10 月号に掲載された論稿を，同誌の許可を
得て加筆・修正ののち転載したものです．本論稿の著作権は日本証券アナリスト協会に属し，
無断複製・転載を禁じます．

目　次

第1章　金融テキストマイニングの概要

1.1　金融テキストマイニングの現状と課題

　金融市場の動きを予測しようとする研究は，数多く行われてきた．今までの研究の多くでは，過去の金融価格のチャートデータや経済指標，財務諸表などの**構造化データ**と呼ばれる数値データから，定量的な分析を行ってきた．しかし，これらの構造化データの分析だけで金融市場を予測することは困難である．なぜなら，金融市場は世の中の様々な事象の影響を受けて取引が行われているからである．構造化データに含まれていない，もしくは構造化データに反映されるまでに時間がかかる，場合によっては正確に構造化データに反映されていない情報が，金融市場に大きな影響を与えることは頻繁に起きている．例えば，世界的に影響力のある政治家の発言や国際情勢を変えるようなインパクトのある政治的出来事，もしくはある企業の不祥事が突然発覚するというような出来事もある．このような出来事も金融市場分析で考慮できるように，今まで分析してきたデータとは異なる種類のデータである**非構造化データ**を含む**オルタナティブデータ**を，金融市場分析に用いるようになってきた．

　オルタナティブデータには，ニュース報道や官公庁，企業の発表資料またはソーシャルメディアなどのテキストデータが含まれる．テキストデータのほかにも，世界中の天候，画像・音声などのマルチメディアデータもオルタナティブデータに当たる．これらのデータが資産運用，金融解析で使えるようになったのだ．オルタナティブデータのうち，特にテキストデータを使った新たな資産運用法が多くの金融機関で着目されており，実際にテキスト情報の解析による市場分析（金融テキストマイニング）が金融の実務で実用化されている．例えば，テキストマイニング技術により資産を運用するファンドが商品化されたり，金融テキストマイニングによる分析情報をレポートとして顧客に販売する

会社も多く出現している．市場分析や資産運用以外でも，金融実務の効率化に自然言語処理やテキストマイニングの技術を活用しているところも多く出ている．

金融テキストマイニングの技術は 1990 年代後半から始まった [6-9]．初期の金融テキストマイニングは新聞記事やニュース記事を対象とした分析が多かったが，ソーシャルメディアの普及に伴い，2000 年代からは **Twitter** やブログ等のテキストデータを金融市場予測に用いる研究も増加してきた．

現在，これらの金融テキストマイニング技術を実際の資産運用に用いている運用会社や，中央銀行ないし企業の公表したテキストを定量化する民間サービスも数多く存在する．既存の情報配信会社も人工知能技術によるニュース解析を行っており，様々なベンチャー企業もこの分野で立ち上がっている．大規模データの人工知能技術による解析で資産運用や市場分析をサポートすることをビジネス化する会社が，これからも多く登場してくるだろう．

金融分野へのテキストマイニング技術の応用が進んできたが，まだ十分に応用が進んでいない点や技術的な課題も数多く残されている．1990 年代から，ニュースなどのテキスト情報をコンピュータが自動処理し市場分析する金融テキストマイニング技術が金融市場で普及してきた．しかし初期には，人間が与えた特定のキーワードがニュースに現れたら決められた取引を行う，単純なキーワードマッチ型の技術が使われていた．そのため誤った予測を行うことも多かった．人工知能技術，特に機械学習技術は，過去の大量なデータに照らし合わせて，現在の状態と似た過去の状況を見つけ出して，将来動向を推定することは得意である．しかし，自分の推定結果が有効かどうかを大局的に判断することは苦手とする．特定の情報による推定だけでなく，一般常識や多様な情報との一貫性を検証したり，他の人たちや世の中の反応も含め多層的に確認して結果の透明性や信頼性を高めることが，金融テキストマイニングの最新動向に含まれる．

1.2 本書のねらいと構成

本書では，金融市場分析を中心に，金融テキストマイニングを行うための基本的な技術や背景にある考え方を解説する．金融テキストマイニングでは自然

言語処理，機械学習，多変量解析，時系列解析等の複数の分野の技術を組み合わせることが必要である．本書では，もしこれから金融テキストマイニングを始めるなら，どのような点を考慮して分析方針を決めたらよいかという大枠について，読者が理解できることを目的に書いている．そのため，各手法の詳細についてはあまり触れていない箇所もある．その場合は，各章で挙げている参考文献を読んで，手法の詳細を必要に応じて学んでほしい．

　本書が想定する読者は，大学の学部生や大学院生である．学部生の場合は，金融テキストマイニングを含むデータ解析の枠組みを学んで，ぜひ実際に手に入る手持ちのデータで分析を試してみてほしい．各手法の具体的な実装方法は参考文献から調べることを勧める．大学院生であれば，上に挙げた手法のうちのいくつかを使って既に別のデータを分析した経験があるかもしれない．その場合は，金融テキストマイニングという分野融合の手法を実践するために，今まで自分が使ってこなかった他の手法や考え方を学んで，使ってきた手法とどう接合するのかを実感してほしい．例えば，計量経済学で時系列解析を学んできた人たちは，機械学習やデータ科学の知見を取り込んでほしい．逆に機械学習やデータマイニングを学んできた人たちは，金融モデリングや計量経済学の知見を取り込んでほしい．

　もちろん，本書は学生のためだけに書かれているのではなく，実務家や情報系以外の専門家が新たに金融テキストマイニングを開始する場合にも役立つことを目指している．既に金融市場分析を実務として行っている人たちは，今までの構造化データによる分析とは何が違って，どのような実用的な可能性があるのかを，本書に書かれている内容から想像してほしい．金融以外の分野でデータ解析を行ってきた人たちは，金融テキストマイニングでの独特な注意点や思考方法を本書から読み取って，自身の実務に新たな方法論をアレンジして活用してもらえるとありがたい．

　金融テキストマイニングの手続きは，他の分野でのデータマイニングと同様に，次のような流れで行われる．

(1) データの前処理　入力データや予測データに関して，データクレンジングと呼ばれるゴミの除去や整形，分析しやすくして予測精度を上げるための特徴量抽出を行う．

(2) 学習・分析　テキストデータの特徴量と金融データの特徴量との関係を，

機械学習や多変量解析などの手法により推定する．予測や分類などの分析目的により推定する関係性の形式は変わる．

(3) 評価・予測　上記で推定した関係性から金融市場を予測または分類する．予測や分類も，目的によって学習や分析結果の評価方法が変わってくる．

　本書では，第2章と第3章で金融テキストマイニングにおけるデータの前処理について解説する．第4章では，主な機械学習や分析手法を紹介する．その後の第5章から第8章では，金融テキストマイニングの実例を紹介しながら，各目的に応じた評価や予測の方法を解説する．第9章では，金融テキストマイニング分野の現状と課題の詳細を解説し，最新動向の紹介も行う．

第2章 金融・経済テキストマイニング手法における前処理

　本章では，金融・経済テキストマイニング手法を適用する前に行う前処理について述べる．まず，容易に入手可能な金融・経済テキストを紹介し，その後，有価証券報告書や決算短信，景気ウォッチャー調査などPDFで配布されている文書から，テキストだけを抜き出す簡単なアルゴリズムを紹介する．次に，PDFからテキストを抽出しただけでは，テキストマイニング手法を用いることができないため，これらを特徴量に変換する方法について述べる．

2.1　テキストの前処理

　本節では，金融テキストマイニングを行うために必要な，テキストの前処理について述べる．そもそも，金融テキストデータを入手しないと分析を始められないのに加え，金融テキストの多くはPDF形式であるため，PDFからテキストを抽出する方法についても述べる．PDFからのテキスト抽出では，フリーソフトであるpdftotextを使ってPDFからテキストを抜き出した後に，アルゴリズムに基づいて文を認識する．テキストマイニングなどの言語処理において，多くのツール，例えば**形態素解析器**などは，入力に文を想定していることから，単なる文字列ではなく，文を用意する必要がある．まず2.1.1節で，どのような金融テキストが存在するか，どうやって入手するかについて説明する．次に2.1.2節で，有価証券報告書を例に，どのようにPDFから文を認識するかについて述べる．ここでは，アルゴリズムと，それを実装したPythonで記述したプログラムを紹介する．

2.1.1 金融テキストデータの入手例

　金融テキストマイニングをするためには，まず，テキストを用意しなくては
いけない．もちろん，手元にある場合はそれを用いればよいが，そうでない場
合もある．本章では，手元にテキストがないが，ぜひ金融・経済テキストマイ
ニングに取り掛かりたい，または，新たにテキストデータを手に入れたいとい
う読者のために，テキストデータの入手法について解説する．

　本章では，**有価証券報告書**を例にテキストデータの入手について紹介する．
有価証券報告書とは，事業年度ごとに作成する企業内容の外部への開示資料
であり，金融庁への提出が義務付けられている書類である．有価証券報告書に
は，以下に示すような内容が記載されている[1]．

（1）企業情報

 a. 企業の概況

  i. 主要な経営指標等の推移

  ii. 沿革

  iii. 事業の内容

  iv. 関係会社の状況

  v. 従業員の状況

 b. 事業の状況

  i. 経営方針，経営環境及び対処すべき課題等

  ii. 事業等のリスク

  iii. 経営者による財政状態，経営成績及びキャッシュ・フローの状況の
分析

  iv. 経営上の重要な契約等

  v. 研究開発活動

 c. 設備の状況

  i. 設備投資等の概要

  ii. 主要な設備の状況

  iii. 設備の新設，除却等の計画

 d. 提出会社の状況

1　有価証券報告書の内容一覧は，2020 年 5 月 10 日現在のものであり，今後変更される可能性が
ある．

i. 株式等の状況

  A. 株式の総数等

  B. 新株予約権等の状況

  C. 行使価額修正条項付新株予約権付社債券等の行使状況等

  D. 発行済株式総数，資本金等の推移

  E. 所有者別状況

  F. 大株主の状況

  G. 議決権の状況

ii. 自己株式の取得等の状況

  株式の種類等

  A. 株主総会決議による取得の状況

  B. 取締役会決議による取得の状況

  C. 株主総会決議又は取締役会決議に基づかないものの内容

  D. 取得自己株式の処理状況及び保有状況

iii. 配当政策

iv. コーポレート・ガバナンスの状況等

  A. コーポレート・ガバナンスの概要

  B. 役員の状況

  C. 監査の状況

  D. 役員の報酬等

  E. 株式の保有状況

e. 経理の状況

  i. 連結財務諸表等

    A. 連結財務諸表

    B. その他

  ii. 財務諸表等

    A. 財務諸表

    B. 主な資産及び負債の内容

    C. その他

f. 提出会社の株式事務の概要

g. 提出会社の参考情報

i. 提出会社の親会社等の情報

　　ii. その他の参考情報

(2) 提出会社の保証会社等の情報

上記の項目の中に，それぞれ詳細に内容が記載されており，これらを分析することで，企業情報を得ることができる．例えば，「事業等のリスク」を分析すれば，その企業がリスクに対して，どのように考えているか，さらに他の企業と比較することで，リスクに対する取り組みの差を調べることができる．

　有価証券報告書を EDINET[2] からダウンロードしてもよいが，本書では，TIS 株式会社が公開している CoARiJ[3] を紹介する．こちらは，2014 年から 2018 年までの有価証券報告書を収集し，そこからテキストだけを抜き出しているものであり，無償で公開されている．本来であれば，PDF ファイルを解析するか，もしくは，XBRL ファイルを解析する必要があるが，CoARiJ は既にそれらを済ませているので，金融テキストマイニングの導入としては非常に有用なコーパスである．

　他にも入手可能な金融テキストとして，景気ウォッチャー調査[4] が挙げられる．景気ウォッチャー調査とは，地域の景気に関連の深い動きを観察できる立場にある人々の協力を得て，地域ごとの景気動向を的確かつ迅速に把握し，景気動向判断の基礎とするためにまとめられた調査資料であり，無料で入手可能である．加えて，各企業のホームページには，決算短信 PDF が公開されており，こちらも無料で入手可能である．しかしながら，企業のホームページに公開されている決算短信が直近のものだけの場合もある．その場合は，こちらは有料にはなるが，日本取引所グループが提供している TDnet[5] を契約することで，過去 5 年分の決算短信 PDF を網羅的に入手することができる．

　しかしながら，決算短信や株主招集通知書，もしくは，社内文書（PDF）などの他の PDF ファイルを解析しようとした場合，CoARiJ のように事前に解析済みというわけではないため，自身で PDF を解析する（テキストを取り出す）必要がある．そこで本章では，次の節で有価証券報告書を例に PDF からテキ

2　https://disclosure.edinet-fsa.go.jp/

3　https://github.com/chakki-works/CoARiJ

4　https://www5.cao.go.jp/keizai3/watcher/watcher_menu.html

5　https://www.jpx.co.jp/equities/listing/tdnet/index.html

ストを取り出す方法について，プログラムとともに紹介する.

2.1.2 PDF を機械的に処理できるテキストデータへ変換
（有価証券報告書を例に）

　読者の中には，手元にテキストデータがあるが，PDF 形式であり，機械的に処理できず困っている方もいるかと思う．また，前節ではどのような金融テキストがあるか，どのように入手するかを述べたが，PDF データはそのままでは処理できないため，機械可読なテキストに変換する必要がある．そこで，本節では，PDF から機械的に処理できるテキストデータへの変換方法について述べる．また，ここで説明するアルゴリズムは，酒井らの論文 [10] で記載されたものを参考にしている.

　本節では，フリーで入手可能な **pdftotext** というツールを使って PDF からテキストを取り出す方法について述べる．ただ，pdftotext を使ってテキストを取り出したとしても，そのまま使うことはできない．例えば，図 2.1 に示す有価証券報告書 PDF を pdftotext に通すと，表 2.1 に示す結果が得られる.

　ここで，改行をわかりやすくするために，表 2.1 では改行を ← と表している．表 2.1 より，テキストを抽出できたとしても，文の途中で改行が入っており，文を認識できないという問題があることがわかる．全ての文字列をつなげた後に，句点で区切るという簡単な操作で文が認識できそうである．たしかに，表 2.1 ではこの操作で文を正確に認識できるが，例えば，図 2.2 に示すように，PDF 中には表が含まれる場合があり，この場合は，この操作では処理できない．表 2.2 に，図 2.2 を pdftotext でテキスト化したものを表示する．表 2.2 では，連続する空行などは削除し，見やすく整形していることに注意されたい.

　表 2.2 では，PDF 中に表が含まれていることにより，pdftotext の出力がおかしなことになっている．表中の「従業員数（人）」と，それに対応する「5,506」のように属性と属性値が連続していれば，表も処理できそうである．しかしながら，次に続く「平均年齢」の後には「平均勤続年数」が続き，早くも上記操作案では誤って処理してしまう．さらに，「平均年間給与（千円）」にいたっては，（注）のコメントのあとに出力されてしまい，PDF 中の文字列の順序と異なってしまっている．そこで，本書で紹介するプログラムでは，PDF

> 2【事業等のリスク】
>   当社グループの事業(経営成績及び財政状態)に重大な影響を及ぼす可能性のあるリスクには、以下のようなものがあります。なお、文中における将来に関する事項は有価証券報告書提出日現在において当社が判断したものであります。
>
> (1) 競争激化、価格競争について
>   情報サービス産業では事業者間の競争が激しく、他業種からの新規参入等も進んでいることから、価格競争が激化する可能性があります。当社グループでは、提供するサービスの高付加価値化等により競合他社との差別化を図るとともに、生産性向上にも取り組んでおります。しかしながら、想定を超える価格競争が発生した場合には、当社グループの事業及び業績等に影響が生じる可能性があります。

図 2.1　PDF の例.

表 2.1　pdftotext の結果.

> 2【事業等のリスク】←
> 当社グループの事業 (経営成績及び財政状態) に重大な影響を及ぼす可能性のある
> リスクには、以下のようなもの ←
> があります。なお、文中における将来に関する事項は有価証券報告書提出日現在
> において当社が判断したものであり ←
> ます。　←
> ←
> (1) 競争激化、価格競争について ←
> 情報サービス産業では事業者間の競争が激しく、他業種からの新規参入等も進ん
> でいることから、価格競争が激 ←
> 化する可能性があります。当社グループでは、提供するサービスの高付加価値化
> 等により競合他社との差別化を図 ←
> るとともに、生産性向上にも取り組んでおります。しかしながら、想定を超える
> 価格競争が発生した場合には、当 ←
> 社グループの事業及び業績等に影響が生じる可能性があります。　←

中の表は無視するようにアルゴリズムを構築する.

　まず，pdftotext が必要になるので，pdftotext のインストール方法を以下に示す．OS が Ubuntu の場合は，以下のコマンドを実行し，インストールする.

```
$ sudo apt install poppler-utils
```

　OS が CentOS の場合は，以下のコマンドを実行し，インストールする.

```
$ sudo yum install poppler-utils
```

（2）提出会社の状況

2019年3月31日現在

従業員数（人）	平均年齢	平均勤続年数	平均年間給与（千円）
5,506	39歳8カ月	14年2カ月	6,813

（注）　1．従業員数は就業人員数であります。
　　　　2．平均年間給与は、賞与及び基準外賃金を含んでおります。

（3）労働組合の状況
　　　当社及び連結子会社における労使関係について特に記載すべき事項はありません。

図 2.2　表が含まれる PDF の例.

表 2.2　表が含まれる PDF に対する pdftotext の結果.

（2）提出会社の状況 ←
←
従業員数（人）←
5,506 ←
←
平均年齢 ←
←
平均勤続年数 ←
←
39 歳 8 カ月 ←
←
14 年 2 カ月 ←
←
(注) 1．従業員数は就業人員数であります。 ←
2．平均年間給与は、賞与及び基準外賃金を含んでおります。 ←
←
（3）労働組合の状況 ←
当社及び連結子会社における労使関係について特に記載すべき事項はありません。
←
←
2019 年 3 月 31 日現在 ←
平均年間給与（千円）←
6,813 ←

```
1   # -*- encoding: utf-8 -*-
2   import subprocess # Ｐｙｔｈｏｎからシェルコマンドを実行するため
3   import zenhan # 半角から全角に変換
4   import os # ディレクトリを生成するために
5   import sys # システムコマンド実行用
6   import re # 正規表現
7   import unicodedata # ＮＦＫＣを動作させるため
8   import argparse # コマンド引数を処理
9
10  # コマンドライン引数を処理する関数
11  def read_args():
12      parser = argparse.ArgumentParser(description="A␣sentence␣extraction␣
            program␣from␣PDF")
13      parser.add_argument('file', type=str, help="Target␣PDF␣file")
14      return parser.parse_args()
15
16  # 文を整形する(文字正規化、半角を全角に、空白削除)
17  def normalize(sentence):
18      sentence = unicodedata.normalize('NFKC', sentence)
19      sentence = zenhan.h2z(sentence)
20      sentence = sentence.replace(u'␣', u'').replace(u' ', u'')
21      return re.sub("\s*", u'', sentence)
22
23  # ＰＤＦをテキストに変換
24  def mk_press_data(pdf):
25      mat_eol = re.compile("\n".encode('utf-8'))
26      sentences = []
27      p = subprocess.run(('pdftotext', pdf, '-'), stdout = subprocess.PIPE
            , stderr = subprocess.PIPE)
28      temp = u""
29      for line in mat_eol.split(p.stdout):
30          try:
31              line = line.decode('utf-8')
32          except:
33              line = ""
34          if line == "":
35              if temp != "" and u"。" in temp:
36                  sentences = sentences + re.split(u"。", temp)
37              temp = u""
38          else:
39              temp = temp + line
40      if temp != "" and u"。" in temp:
41          sentences = sentences + re.split(u"。", temp)
42
43      # 文を整形、文末に句点を追加、２文字以下もしくは２０１文字以上を削除
44      sentences = [normalize(line + u"。")
                for line in sentences if len(line) <= 200 and len(line) >= 3]
45      return sentences
46
47  if __name__ == '__main__':
48      args = read_args()
49      sentences = mk_press_data(args.file)
50      for sentence in sentences:
51          print(sentence)
```

ソースコード 2.1：PDF からテキストを抽出するプログラム.

　本節では，図 2.1 と図 2.2 を受けて，以下のアルゴリズムで pdftotext の出力を処理する.

Step 1　全ての出力された文字列の改行を削除し，つなげる. ただし，改行が
　　　　3 連続で続く場合は，そこで区切る.

表 2.3　extract_text.py の結果.

> 　2【事業等のリスク】当社グループの事業 (経営成績及び財政状態) に重大な影響
> を及ぼす可能性のあるリスクには、以下のようなものがあります。
> なお、文中における将来に関する事項は有価証券報告書提出日現在において当社
> が判断したものであります。
> (1) 競争激化、価格競争について情報サービス産業では事業者間の競争が激しく、
> 他業種からの新規参入等も進んでいることから、価格競争が激化する可能性があ
> ります。
> 当社グループでは、提供するサービスの高付加価値化等により競合他社との差別
> 化を図るとともに、生産性向上にも取り組んでおります。
> しかしながら、想定を超える価格競争が発生した場合には、当社グループの事業
> 及び業績等に影響が生じる可能性があります。

Step 2　Step 1 でつなげた文字列を句点で区切る.

Step 3　Step 2 で区切った文字列のうち，3 文字以上，200 文字以下の文字列
　　　　を文として認識する.

上記アルゴリズムの Step 1 で「改行が 3 連続で続く場合は区切る」という処
理については，pdftotext の出力において，改行が 3 連続で続いた場合は，文
が区切れていることが確認できたことから追加した．また，Step 3 で「3 文字
以上，200 文字以下の文字列を文として認識する」処理が存在するが，これは
PDF 中の表形式に含まれる文字列をつなげた場合，201 文字以上になる場合が
多かったことから追加した．正確に調査して得た値ではないため，PDF ファ
イルによっては，この値を変更して利用して頂きたい．Step 3 により，表部分
の文字列が排除される.

　ソースコード 2.1 に，上記アルゴリズムを Python3 で実装したものを示す.
本プログラムを動かすためには，予め外部モジュールの「zenhan」をインスト
ールしておく必要がある．zenhan は平仮名と片仮名に関して，半角から全角
への変換，全角から半角への変換のどちらも行えるモジュールである．以下の
コマンドでインストール可能である.

```
$ pip install zenhan
```

　ソースコード 2.1 で示したプログラムの名前を「extract_text.py」とした場合

の実行例は以下の通りである.

```
$ python extract_text.py target.pdf > target.txt
```

ここで, target.pdf にはテキストに変換したい PDF ファイルを指定し, target.txt に変換後のテキストファイル名を指定する. 本プログラムを実行すると, 標準出力に変換結果が表示されるため, リダイレクトを使ってテキストファイルに保存する.

例えば, 図 2.1 を本プログラムに渡すと, 表 2.3 のような結果が得られる. 表 2.3 より, 残念ながら, 「2【事業等のリスク】」などの項目名が, 続く文につなげられてしまっている. この部分を許容すれば, 表 2.3 の結果より, 簡単なアルゴリズムである程度の処理が可能であることが示された.

2.2 テキストの特徴量抽出

前節では, 金融テキストの紹介と, PDF からテキストを抽出する方法について紹介した. 本節では, テキストマイニングを行うために, テキストを数値データに変換する方法について述べる.

2.2.1 形態素解析

日本語を対象にした金融テキストマイニングにあたり, **形態素解析**は必要不可欠である. 形態素解析に関する詳細な紹介は, 本シリーズの他の巻を参考にされたい. ここでは, 金融テキストマイニングを行うために必要最低限な説明にとどめる.

形態素解析とは, 文を形態素に分割し, それぞれの形態素に品詞情報を割り当てる処理である. ここで, 形態素とは, ある言語において意味を持つ最小単位のことであり, 日本語を対象にした自然言語処理やテキストマイニングでは, 形態素単位で処理することが多い. 例えば, 英語やドイツ語などの言語であれば, 単語はスペースで区切られており, 形態素解析をしなくても, ある程度の分析が可能である. それに対して日本語では, 文中の単語は区切られていないため, このままだと分析が困難である. そこで, 本節でも形態素解析を行い, 文を形態素に分割したのちに, テキストマイニングを行う.

表 2.4　MeCab の実行例.

```
$ echo "しかしながら、想定を超える価格競争が発生した場合には、当社グループの事業及び業
績等に影響が生じる可能性があります。" | mecab
しかしながら    接続詞,*,*,*,*,*,しかしながら,シカシナガラ,シカシナガラ
、              記号,読点,*,*,*,*,、,、,、
想定            名詞,サ変接続,*,*,*,*,想定,ソウテイ,ソーテイ
を              助詞,格助詞,*,*,*,*,を,ヲ,ヲ
超える          動詞,自立,*,*,一段,基本形,超える,コエル,コエル
価格            名詞,一般,*,*,*,*,価格,カカク,カカク
競争            名詞,サ変接続,*,*,*,*,競争,キョウソウ,キョーソー
が              助詞,格助詞,一般,*,*,*,が,ガ,ガ
発生            名詞,サ変接続,*,*,*,*,発生,ハッセイ,ハッセイ
した            動詞,自立,*,*,サ変・スル,連用形,する,シ,シ
た              助動詞,*,*,*,特殊・タ,基本形,た,タ,タ
場合            名詞,副詞可能,*,*,*,*,場合,バアイ,バアイ
に              助詞,格助詞,一般,*,*,*,に,ニ,ニ
は              助詞,係助詞,*,*,*,*,は,ハ,ワ
、              記号,読点,*,*,*,*,、,、,、
当社            名詞,一般,*,*,*,*,当社,トウシャ,トーシャ
グループ        名詞,一般,*,*,*,*,グループ,グループ,グループ
の              助詞,連体化,*,*,*,*,の,ノ,ノ
事業            名詞,一般,*,*,*,*,事業,ジギョウ,ジギョー
及び            接続詞,*,*,*,*,*,及び,オヨビ,オヨビ
業績            名詞,一般,*,*,*,*,業績,ギョウセキ,ギョーセキ
等              名詞,接尾,一般,*,*,*,等,トウ,トー
に              助詞,格助詞,一般,*,*,*,に,ニ,ニ
影響            名詞,サ変接続,*,*,*,*,影響,エイキョウ,エイキョー
が              助詞,格助詞,一般,*,*,*,が,ガ,ガ
生じる          動詞,自立,*,*,一段,基本形,生じる,ショウジル,ショージル
可能            名詞,形容動詞語幹,*,*,*,*,可能,カノウ,カノー
性              名詞,接尾,一般,*,*,*,性,セイ,セイ
が              助詞,格助詞,一般,*,*,*,が,ガ,ガ
あり            動詞,自立,*,*,五段・ラ行,連用形,ある,アリ,アリ
ます            助動詞,*,*,*,特殊・マス,基本形,ます,マス,マス
。              記号,句点,*,*,*,*,。,。,。
EOS
```

　ここでは，MeCab[6]を用いて形態素解析を行う．MeCab は，工藤拓氏によって作成されたフリーの形態素解析器であり，OS を選ばずに Windows や Linux などでも利用可能である．加えて，MeCab をコマンドラインから利用するのではなく，Python バインディングを用いて形態素解析を行う．

　MeCab がどのような出力をするのかを確認するために，「しかしながら、想定を超える価格競争が発生した場合には、当社グループの事業及び業績等に影響が生じる可能性があります。」という文を MeCab に入力し，その出力を確認する．MeCab の実行例を表 2.4 に示す．

　表 2.4 より，形態素解析の結果，形態素，タブ，品詞情報と並んでいるのが

6　https://taku910.github.io/mecab/

```
1    import MeCab
2
3    # 形態素に分割する関数
4    # 引数: 文
5    # 返値: 単語の配列
6    def get_words(sen):
7        word_list = []
8        t = MeCab.Tagger("␣")
9        for word_line in t.parse(sen).split("\n"):
10           if word_line.strip() == "EOS":
11               break
12           (word, temp) = word_line.split("\t")
13           if word == "*":
14               continue
15           temps = temp.split(',')
16           if temps[0] == "名詞" or temps[0] == "動詞" or temps[0] == "形容詞
                 ": # 内容語を取得
17               word_list.append(word)
18       return word_list
```

ソースコード 2.2：MeCab を用いて文を形態素列（内容語のみ）に
変換する関数.

わかる．そして，文の最後には「EOS」という文の終わりを表す記号が挿入さ
れている．これを自動的に解析するプログラム例をソースコード 2.2 に示す.
ソースコード 2.2 では，**内容語**（名詞，動詞，形容詞）のみを抽出し，配列とし
て返す関数を示している．本コードでは，受け取った文を改行で区切り，その
後，改行で区切られた文字列をタブで区切ることで，形態素とその品詞情報を
得ている．品詞情報は，カンマで区切ることで処理している.

ソースコード 2.2 で示した関数に，「しかしながら、想定を超える価格競争
が発生した場合には、当社グループの事業及び業績等に影響が生じる可能性が
あります。」という文を入力すると以下の結果を得ることができる.

```
[ '想定' ,  '超える' ,  '価格' ,  '競争' ,  '発生' ,  'し' ,  '場合' ,  '当社' ,  'グループ' ,
 '事業' ,  '業績' ,  '等' ,  '影響' ,  '生じる' ,  '可能' ,  '性' ,  'あり' ]
```

2.2.2 構文解析

本書では，**構文解析**を使った因果関係抽出手法を紹介するため，ここで，構
文解析についても紹介する．形態素解析と同様に，構文解析に関する詳細な紹
介は，本シリーズの他の巻を参考にされたい．ここでは，金融テキストマイニ
ングを行うために必要最低限な説明にとどめる.

構文解析とは，文を文節に区切り，区切った文節間に係り受け情報を付与す
ることを指す．ここで，文節は形態素列で構成され，文を実際の言葉として不

表 2.5 CaboCha の実行例.

```
$ echo "しかしながら、想定を超える価格競争が発生した場合には、当社グループの事業及び業
績等に影響が生じる可能性があります。" | cabocha -f1
* 0 12D 0/0 -1.442560
しかしながら    接続詞,*,*,*,*,*,しかしながら,シカシナガラ,シカシナガラ
、              記号,読点,*,*,*,*,、,、,、
* 1 2D 0/1 1.727223
想定            名詞,サ変接続,*,*,*,*,想定,ソウテイ,ソーテイ
を              助詞,格助詞,一般,*,*,*,を,ヲ,ヲ
* 2 3D 0/0 1.829623
超える          動詞,自立,*,*,一段,基本形,超える,コエル,コエル
* 3 4D 1/2 2.192494
価格            名詞,一般,*,*,*,*,価格,カカク,カカク
競争            名詞,サ変接続,*,*,*,*,競争,キョウソウ,キョーソー
が              助詞,格助詞,一般,*,*,*,が,ガ,ガ
* 4 5D 1/2 1.980825
発生            名詞,サ変接続,*,*,*,*,発生,ハッセイ,ハッセイ
し              動詞,自立,*,*,サ変・スル,連用形,する,シ,シ
た              助動詞,*,*,*,特殊・タ,基本形,た,タ,タ
* 5 12D 0/2 -1.442560
場合            名詞,副詞可能,*,*,*,*,場合,バアイ,バアイ
に              助詞,格助詞,一般,*,*,*,に,ニ,ニ
は              助詞,係助詞,*,*,*,*,は,ハ,ワ
、              記号,読点,*,*,*,*,、,、,、
* 6 8D 1/2 1.343035
当社            名詞,一般,*,*,*,*,当社,トウシャ,トーシャ
グループ        名詞,一般,*,*,*,*,グループ,グループ,グループ
の              助詞,連体化,*,*,*,*,の,ノ,ノ
* 7 8D 1/1 1.715965
事業            名詞,一般,*,*,*,*,事業,ジギョウ,ジギョー
及び            接続詞,*,*,*,*,*,及び,オヨビ,オヨビ
* 8 10D 1/2 1.859555
業績            名詞,一般,*,*,*,*,業績,ギョウセキ,ギョーセキ
等              名詞,接尾,一般,*,*,*,等,トウ,トー
に              助詞,格助詞,一般,*,*,*,に,ニ,ニ
* 9 10D 0/1 2.964320
影響            名詞,サ変接続,*,*,*,*,影響,エイキョウ,エイキョー
が              助詞,格助詞,一般,*,*,*,が,ガ,ガ
* 10 11D 0/0 1.307259
生じる          動詞,自立,*,*,一段,基本形,生じる,ショウジル,ショージル
* 11 12D 1/2 -1.442560
可能            名詞,形容動詞語幹,*,*,*,*,可能,カノウ,カノー
性              名詞,接尾,一般,*,*,*,性,セイ,セイ
が              助詞,格助詞,一般,*,*,*,が,ガ,ガ
* 12 -1D 0/1 0.000000
あり            動詞,自立,*,*,五段・ラ行,連用形,ある,アリ,アリ
ます            助動詞,*,*,*,特殊・マス,基本形,ます,マス,マス
。              記号,句点,*,*,*,*,。,。,。
EOS
```

自然にならない程度に区切ったとき得られる最小の形態素列である．構文解析することにより，文節間の依存構造を把握することができることから，情報抽出や照応解析などのタスクに利用される．本書では，第6章で述べる因果関係の有無の判定と抽出で，構文解析を利用する．

```python
# -*- coding: utf-8 -*-
# 渡された CaboCha の解析結果を受け取り、データをリスト化する（MeCab形式）

import re

def analyze(cabocha_str):
    tree_list = []

    for line in cabocha_str.split('\n'):

        if line.startswith('EOS') and line.strip() == 'EOS':
            return tree_list
        elif line.startswith('*␣'):
            items = re.split('\s+', line.strip())
            if 'D' in items[2]:
                c = {
                    'id' : int(items[1]),
                    'chunk' : int(items[2][:-1]),
                    'str' : [],
                    'morph' : []
                    }
            else:
                c = {
                    'id' : int(items[1]),
                    'chunk' : int(items[2]),
                    'str' : [],
                    'morph' : []
                    }

            tree_list.append(c)
        elif line.strip() == "":
            pass
        else:
            temp_list = line.split('\t')
            items = temp_list[1].split(',')
            try:
                items2 = {'face' : temp_list[0], 'base' : items[-3], '
                    pos' : items[0], 'posd' : items[1]}
                tree_list[-1]['str'].append(temp_list[0])
                tree_list[-1]['morph'].append(items2)
            except IndexError:
                print("IndexError")
                print(line)
```

ソースコード **2.3**：CaboCha の結果を解析するプログラム.

```python
# -*- encoding: utf-8 -*-
import CaboCha # CaboCha の Python バインディング
import tree_analyze # 作成した CaboCha の結果解析プログラム

c = CaboCha.Parser()
tree = c.parse("しかしながら、想定を超える価格競争が発生した場合には、当社グループの事業及び業
    績等に影響が生じる可能性があります。")
kekka = tree.toString(1)

cabo_list = tree_analyze.analyze(kekka)

// cabo_list に対して、何かしらの処理を書く
```

ソースコード **2.4**：CaboCha 解析プログラムの利用.

本書では，**CaboCha**[7][11] を用いて構文解析を行う．CaboCha は，工藤拓氏によって作成されたフリーの構文解析器であり，OS を選ばずに Windows やLinux などでも利用可能である．ここでは，CaboCha をコマンドラインから利用するのではなく，Python バインディングを用いて構文解析を行う．

　CaboCha がどのような出力をするのかを確認するために，「しかしながら、想定を超える価格競争が発生した場合には、当社グループの事業及び業績等に影響が生じる可能性があります。」という文を CaboCha に入力し，その出力を確認する．CaboCha の実行例を表 2.5 に示す．

　表 2.5 では，「*」より始まる行が文節の始まりを表しており，その下には文節を構成する形態素の情報が記載されている．文の最後には「EOS」という文の終わりを表す記号が挿入されている．「*」より始まる行に含まれている，文節番号と係り先分析番号を本書では扱う．例えば，「* 0 12D 0/0 -1.442560」であれば，「*」に続く「0」が文節番号であり，その後に続く「12D」の「12」が係り先文節番号である．係り先がない場合は，例えば，「* 12 -1D 0/1 0.000000」のように，係り先文節番号が「-1」となる．これを自動的に解析するプログラム例をソースコード 2.3 に示す．ソースコード 2.3 では，CaboCha の出力結果を解析し，利用しやすい形に修正している．

　ソースコード 2.3 の利用例を，ソースコード 2.4 に示す．ここで，ソースコード 2.3 の名前を tree_analyze.py としている．

2.2.3　数値化

　機械可読なテキストに形態素解析や構文解析を行っただけでは，金融テキストマイニングに利用することは難しく，これを数値に変換する必要がある．最も簡単な方法として，**Bag-of-words**(BoW)といわれる方法がある．例えば，「産業構造の変化や社会課題など、外部環境の変化を敏感に汲み取り、そこから当社にとっての重要課題を設定し、ビジネスの成長へと結びつけることがより必要となってきていると認識しております。」という文を形態素解析し，ソースコード 2.2 を用いて内容語を取り出すと，以下に示す結果を得ることができる．

7　https://taku910.github.io/cabocha/

['産業', '構造', '変化', '社会', '課題', '外部', '環境', '変化', '敏感', '汲み取り', 'そこ', '当社', '重要', '課題', '設定', 'し', 'ビジネス', '成長', '結びつける', 'こと', '必要', 'なっ', 'き', 'いる', '認識', 'し', 'おり']

さらに，上記の形態素の数を数えると，以下に Json 形式で示す結果を得ることができる．

{ 'いる': 1, 'おり': 1, 'き': 1, 'こと': 1, 'し': 2, 'そこ': 1, 'なっ': 1, 'ビジネス': 1, '変化': 2, '外部': 1, '当社': 1, '必要': 1, '成長': 1, '敏感': 1, '構造': 1, '汲み取り': 1, '環境': 1, '産業': 1, '社会': 1, '結びつける': 1, '設定': 1, '認識': 1, '課題': 2, '重要': 1}

これが Bag-of-words であり，各単語(ここでは形態素)が文中に現れた順序は無視して，その出現頻度だけを算出したものである．

例えば，簡単に取り組める金融テキストマイニングとしては，あらかじめ人手で株価に関する極性辞書を作っておき，その辞書内に出てくる語のみのBoW を得ることで，文書の株価に対する極性値(テキスト内容のポジティブとネガティブの度合いを数値化したもの)を得ることができる．簡単な例として，表 2.7 に示す文書を表 2.6 の辞書で分析してみる．

表 2.7 に含まれる内容語に対して，表 2.6 の語を以下の式 2.1 に当てはめて計算する．

$$P(W_d) = \sum_{w \in W_d} f(w)p(w) \tag{2.1}$$

ここで，$P(W_d)$ はある文書 d の極性値，W_d は文書 d に含まれる内容語の集合，$f(w)$ はある語 w の頻度を表し，$p(w)$ はある語 w の極性値を表す．表 2.7 について計算すると，$P(W_d)$ の値は「-1」となり，文書は株価に対してネガティブ(株価が下がる)であることを示している．このように，Bag-of-words と辞書を使うことで簡単に文書の極性を得ることができるが，文脈を考慮していないため，性能は高くはない．

ここまでで，Bag-of-words とその使い方を説明したが，他にもテキストを数値化する方法があるので，以下に示す．

0-1 vector Bag-of-words と異なり，あらかじめ辞書を用意しておき，辞書に存在する語が文章中に存在すれば「1」，存在しなければ「0」を割り当てたベクトルである．

Onehot vector 0-1 vector と同様に辞書を用意しておき，文章の最初の単語か

表 2.6 極性辞書例.

極性語	極性値
改善	1
回復	1
堅調	1
上昇	1
減速	−1
懸念	−1
不透明	−1
低い	−1
厳しい	−1

表 2.7 文書例.

> わが国経済は、雇用・所得環境の改善等により景気は緩やかに回復した一方、米中貿易摩擦の影響や中国経済の減速懸念等を背景に先行き不透明な状況が続きました。こうした経済情勢にあって、当社グループを取り巻く事業環境は、倉庫物流業界では国内貨物・輸出入貨物の荷動きは堅調に推移したものの引き続き企業間競争の激化などがあり、また、不動産業界では都市部におけるオフィスビルの空室率は低い水準で継続しつつも賃料水準は小幅な上昇に留まるなど、依然として厳しい状況で推移いたしました。

ら終わりの単語まで，語の順序を維持したまま，辞書に含まれる語を 1，それ以外を 0 とするベクトルを生成する方法である．

TF-IDF　Term Frequency（TF：単語頻度）と Document Frequency（DF：文書頻度）を計算し，TF と，DF の逆数を掛け合わせたものを語の値とする．

Word embedding　分散表現，単語埋め込みとも呼ばれる．Onehot vector を入力としたニューラルネットワークの重みを使って，単語をベクトルで表す方法である．

これらの方法について，以下でより詳しく説明する．

0-1 vector

表 2.7 の文書に対して，0-1 vector で語を数値化する．まず，辞書を用意する必要があるが，今回は表 2.8 に示す辞書を用いる．表 2.7 の文書を内容語

表 2.8　語の辞書の例.

Index	単語
1	経済
2	クールビズ
3	景気
4	ビットコイン
5	推移
6	状況
7	仮想市場
8	減速
9	摩擦
10	暗号資産

に絞り，かつ，表 2.8 の辞書を用いて Index に基づいて Bag-of-words で数値化すると，以下のような結果を得ることができる．

```
[3, 0, 1, 0, 2, 2, 0, 1, 1, 0]
```

それに対して，0-1 vector では，以下のようなベクトルを得ることができる．

```
[1, 0, 1, 0, 1, 1, 0, 1, 1, 0]
```

上記のベクトルを見るとわかると思うが，Bag-of-words では頻度を数値として使っているが，0-1 vector では，出現した語の頻度を使うのではなく，出現すれば 1 としている．

Onehot vector

表 2.7 の文書に対して，表 2.8 の辞書を用いて Onehot vector で語を数値化すると，以下のようなベクトルを得ることができる．

```
[
    [1, 0, 0, 0, 0, 0, 0, 0, 0, 0],
    [0, 0, 1, 0, 0, 0, 0, 0, 0, 0],
    [0, 0, 0, 0, 0, 0, 0, 0, 1, 0],
    [1, 0, 0, 0, 0, 0, 0, 0, 0, 0],
    [0, 0, 0, 0, 0, 0, 1, 0, 0, 0],
    [0, 0, 0, 0, 0, 1, 0, 0, 0, 0],
    [1, 0, 0, 0, 0, 0, 0, 0, 0, 0],
    [0, 0, 0, 0, 1, 0, 0, 0, 0, 0],
    [0, 0, 0, 0, 0, 1, 0, 0, 0, 0],
    [0, 0, 0, 0, 1, 0, 0, 0, 0, 0]
]
```

ここでは，辞書に含まれる語が文書中に現れた場合のみ，ベクトルを生成している．Onehot vector を見ればわかる通り，各ベクトルは固定長で，出現した語のみを1として，他を0としている．Onehot vector では語順を保持しているので，文脈を考慮する解析をする際には，有用である．

TF-IDF

検索における重要語抽出で最もよく使われるスコアリング手法である．**TF-IDF** はその文書中に多く出現し（TF が高い），かつ，他の文書に出てこない（IDF が高い）語に高い値を付与する数値化手法である．ここで，Term Frequency（TF）はある文書に出現する語（Term）の頻度を表し，Document Frequency（DF）はある語が出現する文書の数を表す．さらに，IDF（Inversed Document Frequency）はある語の文書頻度の逆数を表す．TF-IDF は以下の式 2.2 で計算できる．

$$TFIDF(w, d) = tf(w, d) \times \log_2 \frac{|D|}{df(w)} \qquad (2.2)$$

ここで，$tf(w, d)$ は文書 d に含まれる語 w の頻度，$df(w)$ は単語 w の文書頻度，D は全文書集合を意味する．上記の式 2.2 では，各文書で大きく文字数が異なる場合，うまく数値化できない場合がある．その場合は，TF-IDF を次の式 2.3 のように変形し，TF の値を正規化することで対応可能である．

$$TFIDF(w, d) = \left(0.5 + 0.5 \frac{tf(w, d)}{\max_{w'} tf(w', d)}\right) \times \log_2 \frac{|D|}{df(w)} \qquad (2.3)$$

Word embedding

本書では，Onehot vector を入力としたニューラルネットワークの重みを使って，単語をベクトルで表す方法のことを **Word embedding** という．よく知られている Word embedding として，**Word2vec** [12–14] が挙げられる．Word2vec では，**CBOW** と **Skip-gram**（図 2.3）と呼ばれるモデルを用いて Word embedding を作り出す．Onehot vector とは異なり，各単語のベクトルの要素に浮動小数点数が割り当てられる．

Word2vec の他にも，fasttext [15] や GloVe [16] などのモデルがあり，探せば

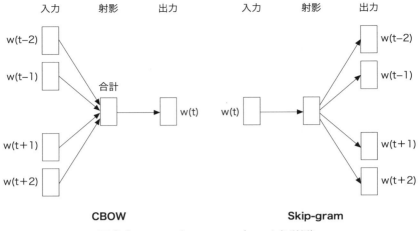

図 2.3　CBOW と Skip-gram（[14] より引用）.

生成済みのモデルも公開されているので，手軽に利用したい場合は，これらを利用するのも手である.

2.2.4　主成分分析

　主成分分析とは，多次元データの情報をできるだけ損わずに低次元空間に縮約する方法である．前節で示したようにテキストを数値化した場合，語彙が多いとテキストを表すベクトルの次元数も大きくなることから，主成分分析はテキストから作られるベクトルの情報圧縮に利用できる．ここでは，Python パッケージの scikit-learn[8]を用いた利用方法について述べる．詳細な説明については，他の書を参考にされたい.

　以下で説明するソースコード 2.5 では，入力に 1 行 1 文で記述されているテキストファイルを想定する．これは，ソースコード 2.1 で得られる結果（例えば表 2.3）を想定している．そして入力されたテキストファイル中の文を内容語列に変換する．この処理はソースコード 2.2 で紹介した get_words を利用する．ただし，ここでは，数を表す文字は除くように修正している．その後，テキストに含まれている語を数え上げ，頻度 2 以上の語を辞書とする.

---

8 https://scikit-learn.org/stable/

```
1    # -*- encoding: utf-8 -*-
2    import argparse
3    import collections
4    from sklearn.decomposition import PCA
5    import numpy as np
6
7    # コマンドライン引数を処理する関数
8    def read_args():
9        parser = argparse.ArgumentParser(description='テキストファイルを主成分分析す
              る')
10       parser.add_argument('file', type=str, help='指定テキストファイルを分析する')
11       return parser.parse_args()
12
13   if __name__ == '__main__':
14       args = read_args()
15
16       # ファイル読み込み
17       lines = [line.strip() for line in open(args.file, 'r')]
18
19       # 全ての文を内容語列に変換
20       words_lines = [collections.Counter(get_words(line)) for line in
              lines]
21
22       # 辞書作成
23       word_hash = collections.defaultdict(int)
24       for wline in words_lines:
25           for w, n in wline.items():
26               word_hash[w] += n
27       word_dic = list([w for w, n in word_hash.items() if n > 1]) # 頻度2
              以上を辞書化
28
29       # 文をベクトルに変換
30       words_vec = [[wline[w] if w in wline else 0 for w in word_dic] for
              wline in words_lines]
31
32       # PCAを実行
33       pca = PCA(n_components=200)
34       pca.fit(words_vec)
35
36       # 各成分における寄与率を表示
37       for n in range(0, 4):
38           indices = np.argsort(pca.components_[n])[::-1]
39           print("----------------------------")
40           print("PC␣{:d}\t寄与率:{:.3f}".format(n + 1, pca.
                  explained_variance_ratio_[n]))
41           print("----------------------------")
42           for i in indices[:5]:
43               print("{}\t{:.3f}".format(word_dic[i], pca.components_[n][i
                      ]))
44           for i in indices[-5:]:
45               print("{}\t{:.3f}".format(word_dic[i], pca.components_[n][i
                      ]))
46           print("----------------------------\n")
```

ソースコード 2.5：主成分分析によって得られる主成分得点を
表示するプログラム.

作成した辞書を用いて，テキスト中の文を，頻度ベースのベクトルに変換す
る．scikit-learn を用いて，このベクトルに対して主成分分析を行い，その結果
から，寄与率と主成分得点を表示している．

　ある1件の有価証券報告書に対して，ソースコード 2.5 を動かし，その結果

表 2.9　各主成分における主成分得点.

主成分 1		主成分 2		主成分 3		主成分 4	
監査	0.603	株式	0.497	監査	0.458	会計	0.448
し	0.387	する	0.289	役	0.140	株式	0.401
内部	0.229	当社	0.285	株式	0.093	連結	0.364
する	0.215	信託	0.218	法人	0.063	年度	0.313
役	0.191	グループ	0.151	社外	0.060	円	0.173
あり	−0.025	円	−0.086	会計	−0.116	業務	−0.069
資産	−0.026	年度	−0.164	連結	−0.133	グループ	−0.073
年度	−0.069	連結	−0.228	等	−0.133	し	−0.077
円	−0.076	監査	−0.275	おり	−0.193	化	−0.089
連結	−0.092	会計	−0.289	し	−0.649	的	−0.099

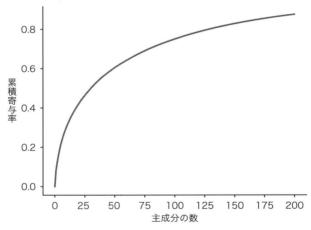

図 2.4　主成分の累積寄与率.

を得た．得られた結果から主成分得点を抜き出したものを表 2.9 に示す．さらに，各主成分の累積寄与率を図 2.4 に示す．

　図 2.4 より，200 個の主成分の累積寄与率でも，100 % に達していないことから，今回入力した有価証券報告書を主成分分析を用いて分析することが難しいことがわかる．また，表 2.9 より，今回の分析では有益な結果を得ることはできなかった．1 つの有価証券報告書だけを対象に分析していることから，このような結果になったと考えられる．例えば，複数の有価証券報告書を対象に

することで，情報量が増え，有益な結果を得ることができると考えられる．ここでは，テキストマイニングにおける主成分分析のやり方を説明するのが目的のため，これ以上の分析は行わないが，第3章において主成分分析を用いた手法について述べるので，そちらを参考にしていただきたい．

2.2.5 クラスタリング

クラスタリングとは，教師なしでデータを分類する手法であり，階層型手法と非階層型手法が存在する．階層型手法は，各データにおいて，最も類似度の高い（距離の短い）ものから順にクラスとしてまとめていく手法であり，最終的に全てが1つのクラスになるまで繰り返す．非階層型手法としては，**k-means**と呼ばれる手法が存在する．k-means は，以下の手順に沿って実行される．

Step 1 与えられたデータから初期値となる重心点を，ランダムに k 個決める．

Step 2 各データから最も近い距離にある重心点を計算によって求め，クラスタを構成する．

Step 3 求めたクラスタごとに新たに重心点を求め，Step 2 を再度実行する．Step 2 と Step 3 を決められた回数繰り返し実行し，大きな変化がなくなるまで計算を繰り返す．

ここで，テキストマイニングにおいては，距離は**コサイン類似度**で計算されることがよくある．コサイン類似度は，コサイン値を距離に見立てて，2つのベクトル間の距離を測る方法で，距離が近ければ1に近づき，遠ければ0に近づく．コサイン類似度は以下の式 2.4 によって計算される．

$$cos(X, Y) = \frac{x_1 y_1 + x_2 y_2 + \cdots + x_n y_n}{\sqrt{x_1^2 + x_2^2 + \cdots + x_n^2} \sqrt{y_1^2 + y_2^2 + \cdots + y_n^2}} \tag{2.4}$$

ただし，$X = (x_1, x_2, \ldots, x_n)$，$Y = (y_1, y_2, \ldots, y_n)$ で表されるベクトルである．テキストマイニングで利用する場合は，例えば，2.2.3 節で述べた数値化の方法を用いて，文，もしくは，文書をベクトル化した後に，ベクトル間の距離を測ることで，クラスタリングが可能となる．他にも，距離を測る方法として，ユークリッド距離や Jaccard 係数，Kullback-Leibler divergence（KLD）などがある．

ユークリッド距離は2点間の直線距離であり，以下の式 2.5 で計算できる．

```
1     # -*- encoding: utf-8 -*-
2     import argparse
3     import collections
4     from sklearn.cluster import KMeans
5     import MeCab
6
7     # コマンドライン引数を処理する関数
8     def read_args():
9         parser = argparse.ArgumentParser(description='テキストファイルに含まれ
          る文をクラスタリングする')
10        parser.add_argument('file', type=str, help='指定テキストファイルを分析す
          る')
11        return parser.parse_args()
12
13    if __name__ == '__main__':
14        args = read_args()
15
16        # ファイル読み込み
17        lines = [line.strip() for line in open(args.file, 'r')]
18
19        # 全ての文を内容語列に変換
20        words_lines = [collections.Counter(get_words(line)) for line in
            lines]
21
22        # 辞書作成
23        word_hash = collections.defaultdict(int)
24        for wline in words_lines:
25            for w, n in wline.items():
26                word_hash[w] += n
27        word_dic = list([w for w, n in word_hash.items() if n > 1]) # 頻
            度2以上を辞書化
28
29        # 文をベクトルに変換
30        words_vec = [[wline[w] if w in wline else 0 for w in word_dic]
            for wline in words_lines]
31
32        # k-meansを実行
33        km = KMeans(n_clusters=5) # k=5として，5分類を行う
34        pred = km.fit_predict(words_vec)
35
36        # 文に付与されたクラスタ番号と文を出力
37        for c, sentence in zip(pred, lines):
38            print("{:d}\t{}".format(c, sentence))
```

ソースコード 2.6：文をクラスタリングするプログラム.

$$euc(X, Y) = \sqrt{(x_1 - y_1)^2 + (x_2 - y_2)^2 + \cdots + (x_n - y_n)^2} \tag{2.5}$$

また，Jaccard 係数は集合間の類似度を測る手法で，以下の式 2.6 で計算可能である.

$$Jaccard(A_i, B_j) = \frac{|A_i \cap B_j|}{|A_i \cup B_j|} \tag{2.6}$$

ここで，A_i は文書 i に含まれる語の集合，B_j は文書 j に含まれる語の集合を意味する. 最後に，Kullback-Leibler divergence は分布間の類似度を測る手法であり，以下の式 2.7 で計算できる.

表 2.10 有価証券報告書に含まれる文に対して *k*-means を行った
結果例.

クラスタ番号	文
1	当社の代表取締役、会計監査人および内部監査担当部門は、当社監査役会とそれぞれ定期的に意見交換会を開催する。
	監査役監査の状況当社における監査役監査は、監査役 5 名(内、社外監査役 3 名)で構成されております。
2	また、不動産賃貸・管理事業など付帯関連する業務についてもサービスを提供しております。
	顧客からは戦略パートナーとして頼りにされ、既成業界・市場の変革に常にチャレンジし、新たな市場を創造するイノベーターとなることを目指します。
3	給付対象者は、取締役(社外取締役、非常勤取締役を除く)、役付執行役員、執行役員、エグゼクティブフェロー(以下、取締役等)といたしております。
	取締役会は原則毎月 1 回、加えて臨時の取締役会を必要に応じてそれぞれ開催し、取締役は迅速・機動的な意思決定を行っております。
4	(注) 1. 売上高及び営業収益には、消費税等は含まれておりません。
	(2)提出会社の状況従業員数(人) 5,506。
5	なお、当該自己株式には、TIS インテックグループ従業員持株会専用信託口が保有する当社株式 365 千株及び役員報酬 BIP 信託口が保有する当社株式 84 千株は含まれておりません。
	2018 年 10 月 1 日付けで 2 株を 1 株とする株式併合が実施された為、保有株式が減少しています。

$$KLD(P\|Q) = \sum_{x \in X} P(x) \log_2 \frac{P(x)}{Q(x)} \tag{2.7}$$

ここで，X は語の集合である．また，P, Q は離散確率分布であり，$P(x)$ と $Q(x)$ は，それぞれ，P もしくは Q における単語 x の出現確率を表す．

　k-means を scikit-learn を用いて動作させたプログラム例をソースコード 2.6 に示す．ここでは，入力された文書に含まれる文を 5 分類している．ただし，scikit-learn で用いられている *k*-means は *k*-means++ である．*k*-means は初期値となる重心点をランダムに選ぶため，初期値によっては正しくクラスタリングできなかったり，クラス分けに時間がかかる場合がある．*k*-means++ は，初期値となる *k* 個のデータは離れている方がいいという考えのもと，以下の手続きに従って初期値を決める．

Step 1　各データ x_i の中からランダムに 1 個を選び，クラスタの重心点とする．

Step 2　各データ x_i に関して，最も近い重心点からの距離 $D(x_i)$ を計算する．

Step 3　各データ x_i に関して重み付き確率分布 $D(x_i)^2 / \sum_i D(x_i)^2$ を用いて，新しい重心点をランダムに選択する．

Step 4　Step 2 と Step 3 を k 個の重心点が選定できるまで行う．

　テキスト化した有価証券報告書に対して，ソースコード 2.6 を実行すると表 2.10 のような結果を得ることができる．

　表 2.10 より，主観ではあるが，クラスタ 1 は監査に関する話題，クラスタ 2 は事業内容に関する話題，クラスタ 3 は取締役に関する話題，クラスタ 4 は売上や従業員数などの具体的な数字，クラスタ 5 は株式に関する話題と分類されていると判断することができる．

第3章　時系列データの前処理

　金融テキストマイニングを含めたデータマイニングの分析目的は，**予測的分析**と**記述的分析**の大きく2種類に分類できる.

予測的分析　特徴がわかっている既知のデータを分析して予測モデルを作成し，未知のデータの特徴を新たに予測することである.　金融テキストマイニングの場合は，テキストデータを含む過去データを分析して将来の株価や経済指標などの時系列データを外挿予測することが多い.　完全に将来のデータを予測しない場合でも，通常の数値データの統計分析の結果が発表されるよりも早く，テキストデータで経済状況を推定することもある.

記述的分析　金融や経済に関連する情報を含むテキストデータの分析により，テキストデータに含まれる金融・経済に関する情報の特徴を抽出したり，情報間の関係性を明らかにすることである.　例えば，過去の中央銀行の議事録を分析し，テキストデータに含まれるトピックがどのような経済状況で出現しているかということを抽出することがある.　記述的分析により，金融や経済の状況を反映する新たな指標を作成することもある.

　本章では，金融テキストマイニングを予測的分析に用いる場合に，予測対象となる時系列データに対して行う標準的な前処理の仕方について説明する.　予測的分析の場合に，予測対象となる値を**目的変数**(予測変数，従属変数，被説明変数)と呼ぶ.　予測のために用いられる値を**説明変数**(独立変数)と呼ぶ.　金融テキストマイニングでは，金融価格や経済指標などの時系列データが目的変数となり，テキストデータそのものやテキストデータを変換して獲得した特徴量が説明変数となる.　説明変数と目的変数の関連性をモデル化するために，機械学習や多変量解析などの手法を用いる.　過去の目的変数のデータを教師(予測対象の答えの値)として機械学習を行う教師付き学習，または過去の目的変数のデータを統計的手法で分析して関連モデルを推定する統計的学習を行うこ

とが多い．そのため金融テキストマイニングでは説明変数と同様に，目的変数
も分析目的や手法に合うように，分析の前に行う前処理が重要である．

通常の分析データの前処理には，**データクレンジング**（データの整理・標準
化）と特徴量抽出の 2 段階があるが，本章では前半にデータクレンジングにつ
いて解説し，後半で時系列データの特徴量抽出の手法を紹介する．

3.1 時系列データのデータクレンジング

本節では時系列データのクレンジングを，目的変数データの設定・サンプリ
ング間隔の決定・欠損値と外れ値の処理の 3 段階に分けて説明する．データ
クレンジングを含んだ一般的なデータの前処理に関しては，文献 [17] などを
参照してほしい．

3.1.1 目的変数データの設定

時系列データとは，時間とともに変動する現象を記録したデータのことであ
る．金融テキストマイニングで興味のある予測対象データは，株価や為替レー
ト等の金融データ，あるいは物価指数や雇用統計等の経済指標といった時系列
データである．

予測対象が決まっていれば，対象の状況を反映した時系列データについて，
まず次の点を確認しておく必要がある．

- データが反映している情報
- データの入手可能性
- データの観測・計算方法
- 予測期間の長さ

データが反映している情報

金融テキストマイニングを行う場合には，予測対象の時系列データが，もと
もとどのような金融状況や経済状況を反映しているのかを最初に考えておく必
要がある．もし，予測したい金融または経済事象があらかじめ明確ならば，目
的変数となる時系列データが予測対象を適切に反映したものを選択しなければ
ならない．そして説明変数となるテキストデータも，予測したい経済事象に対

して何かしら関係性が含まれている可能性のある内容を選ぶ必要がある．逆に分析したいテキストデータが決まっていて，そこから抽出した特徴量と関連がありそうな経済金融事象を探すということもありうる．いずれにしろ予測対象となる時系列データが反映している情報を事前にきちんと把握しておくことは重要である．

　金融市場の動向を予測対象にするのであれば，多くの場合は金融価格の時系列データを目的変数とするだろう．ある国の株式市場の全体的な動向を分析することが目的であれば，TOPIX（東証株価指数）や日経225（日経平均株価）などの，**株価指数**と呼ばれる市場全体の平均的な株価の動きを表すように計算された時系列データを用いることになる．特定企業の価値の動向を予測対象にするのであれば，個別銘柄の株価を用いる．小売業や建設業などの業種別の動向を知りたいのであれば業種別株価指数を，企業の規模別の動向であれば規模別株価指数を分析対象にする．他にも東京証券取引所やJASDAQなど，上場している取引所別の株価指数などもある．株式市場だけではなく，他にも様々な経済状況を反映した金融市場の時系列データが存在する．2国間の経済状況の対比に関連する外国為替レートや，景気や投資状況を反映した債券市場（金利），小麦やゴムなどの商品市場，不動産投資信託（REIT），先物やオプション等の金融派生商品といった様々な金融市場のデータがあり，それぞれの市場価格が反映する経済状況は異なっている．

　物価指数や景気指数等の**経済指標**を予測対象とする場合も，指標が表そうとしている経済状況に対して注意すべきである．例えば景気を表す指標にも，複数の関連する指標がある．景気動向指数は，産業・金融・労働などの経済に重要かつ景気に敏感な経済指標を合成して計算した指標であり，より客観的な手法で景気の状況を捉えようとしている．景気ウォッチャー調査は，地域の景気に関連の深い動きを観察できる立場にある人々に景気の状況を判断してもらう調査結果をもとにしており，より主観的な景況感を捉えようとしている．このように，経済に関する統計的指標も，調査目的が異なることがある．各経済指標の目的や得手不得手および傾向を，事前に調べておいた方がよいだろう．

　時系列データが観測対象のどのような状態を反映したものであるかということも，事前に考慮しておくべきである．例えば，分析対象が個別銘柄の株価と決まった場合でも，株価の水準自体を分析したいなら株価データそのままを分

析しても良いが，方向を含めた株価の変動を分析したいならリターン（**株価収益率**）を，株価変動の安定性を分析したいなら**ボラティリティ**といった時系列データを分析対象とすることが多い．他にも，市場取引の活発さを表すために**出来高**を使用することもある．

　このように，目的変数となる時系列データが観測している経済事象，調査目的，統計的な処理，計算手法を知ることにより，金融テキストマイニングの目的に合致したデータかどうかをあらかじめ判断しておくことが重要である．さらに，この後のデータクレンジングや特徴量抽出でどのような手法を用いるべきかも，これらの要因によって決まってくる．

データの入手可能性

　時系列データをどのように入手できるかも，現実的な問題として重要な要素である．主な金融価格データであれば，1日毎の日次データは情報ベンダーなどのサイトから無償でダウンロードできる．しかし，1日より短い頻度の価格データや板データと呼ばれる注文情報は，取引所や金融情報ベンダーから有償で入手する必要がある．また，無償で公開されている市場価格データは最近の数年間だけで，より以前のデータは有償となっている場合もある．経済指標の時系列データは，多くが内閣府や各省庁のサイトで公開されている．しかし，数値の時系列データとしてすぐに分析に使える形で公開されていない場合もあるので注意しなければいけない．CSV やエクセル形式でダウンロードできる場合が多いが，たまに数値データが PDF ファイルの表として公開されている場合がある．こういった場合には，一定期間の時系列データの形式にするために手間が必要となる．海外の金融・経済データの場合も，多くは関係当局や情報ベンダーのサイトで時系列データがダウンロード可能である．しかし，時間間隔が短いものやより詳細な情報については，やはり有償なデータが多くなる．

　より詳細なデータもしくは国際的な時系列データを獲得するには，やはり金融情報ベンダーなどと契約してデータセットを購入することが確実である．金融情報ベンダーの提供する時系列データには，独自の調査や統計的な処理をした経済指標が含まれる場合がある．これらの独自データにより，金融テキストマイニングの目的変数や説明変数の選択肢の幅が広がることもある．

データの観測・計算方法

　入手できた時系列データが，どのように獲得され計算処理をされているのかということも，気をつけるべき事項に含まれる．金融市場データならば，ほぼリアルタイム（無償でも1日遅れ）で確定したデータが入手できる．ただし，株価指数などの統計的な処理を行っている場合は，指数に組み入れている銘柄の構成や指数を計算する時の重みなどの計算方法が時期によって変更されていることがあるので注意しなければいけない．また，個別銘柄の株価の場合は株式分割や企業の合併などの出来事により，1銘柄あたりの価値が時期によって大きく変わっていることもある．取引所や情報ベンダーが提供する株価データの多くは，これらの変更を考慮して調整されている．調整されていない市場価格データを用いる場合は，自分で調整を行う必要がある．また，東京証券取引所は2014年より呼値とよばれる株価の最小単位を切り下げる変更を数回に分けて行っている．日次より短い間隔の株価データを分析する場合には，呼値変更の影響も考慮する必要が出てくる．

　経済指標に関しても，観測や計算の方法を事前に確認しておく必要がある．例えば，前述の景気動向指数は数値指標から合成されるので客観的な指標となる可能性が高い一方，基となる様々な経済指標が発表されるまで待たなければいけないため時間がかかる．それに対して，景気ウォッチャー調査は質問紙調査なので主観的なゆらぎが生じてしまう一方，景気動向指数よりも速報性が高い．このように，各経済指標の調査方法や計算手法により経済状況のどのような状態や変化に敏感であるか，指標が発表されるまでにどれくらいの時間遅れが存在するのかということが決まってくる．

予測期間の長さ

　入手した時系列データの特徴を調査方法や計算手法により推定したら，金融テキストマイニングでその時系列データのどれくらい将来の時点を予測するかという予測期間を決める必要がある．予測期間の長さを決めるには，目的変数である時系列データの間隔や信頼度などの要素が関係してくる．小さな時間変化に敏感でない時系列データを用いる場合は，予測期間をある程度長くして大きな変化となる可能性が高くなるようにして分析することが考えられる．しかし，予測期間が長くなり遠い将来を予測するほうが，通常は近い将来の予測よ

りも難しくなる．また，予測期間の長さは説明変数のデータサイズや精度も考慮して決定しないといけない．

3.1.2 サンプリング間隔の決定

　前節までの時系列データの特徴を考慮して予測期間の長さまで決めた後に，具体的に時系列データの整理を行う．大抵の場合，金融テキストマイニングで最初に行う時系列データの前処理は，**サンプリング**間隔の調整である．一般の時系列データには，一定の時間間隔で観測された等間隔時系列と不規則な間隔で観測された不等間隔時系列の2種類がある．金融テキストマイニングで予測モデルを生成する場合には，目的変数の時系列データが等間隔である必要がある．多くの金融・経済データは等間隔時系列であるので，通常はそのまま目的変数データとして使用することができる．しかし，不規則なイベントが生じた場合の観測データは不等間隔時系列であるので，予測のための分析を行う際には等間隔時系列にするための処理が必要となる．例えば，**ティックデータ**と呼ばれる高頻度の金融市場データは，市場取引(約定)が起こる毎に価格データが更新されるので，データ間隔は一定ではない．同様に，株式市場の注文情報も，注文が市場に来た時点で更新されるので不等間隔である．また，中央銀行が決定する政策金利のデータは，多くて年に数回変更されるものであり，数年間変化しない時期もある．変更の間隔は不定期である．

　不等間隔時系列を等間隔時系列に変換する基本的な方法は，**ダウンサンプリング**(データの間引き)と**内挿**(補間)である．不等間隔時系列が十分に高頻度である場合はダウンサンプリングを用いる．さきほどのティックデータや注文情報の例では，たとえデータの間隔が不規則であっても1日間より十分に短い間隔でデータの更新がある．なので，終値などの1日より長い間隔でのダウンサンプリングを行うことによって，等間隔時系列に変換することができる．逆に政策金利のようにデータの更新が長い間隔で不定期な場合は，ある時点と次の時点までの間にある時点に関するデータの値を推定してデータを増やし等間隔時系列に変換することを行う．これを内挿または補間と呼ぶ．内挿にはいくつかの方法があるが，多くはn次元の関数を使って補間する．例えば，0次元の関数(一定値)を使う場合は，直近のデータの値で次に変更される時点まで等間隔のデータの値とする．つまり値がときどき階段状に変化するステップ関

数で補間される．1 次元関数の場合は，直前と直後のデータの値を結んだ直線で近似されて補間される．同様に n 次元関数の場合は近くの $n+1$ 個のデータから関数を近似して，等間隔時系列に補間する．また，明らかな周期性がある場合には，cos や sin などの周期関数を用いて補間することもある．

ダウンサンプリングや内挿は，不等間隔時系列を等間隔時系列に変換する場合以外にも用いられることがある．説明変数データの間隔と目的変数データの間隔が異なる場合には，説明変数データの間隔をダウンサンプリングや内挿により変更して目的変数データの間隔に合わせることがある．他にも，目的変数データが多次元である場合に，目的変数データ同士の間隔を揃えるためにこれらの方法を用いることもある．

サンプリング間隔を変更する際に気をつけなければいけないのは，サンプリング間隔の変更によってもともと持っているデータの特性が失われないようにすることである．例えば，強い周期性を持って変化しているデータに対して，1 周期と同じ間隔でダウンサンプリングしてしまうと，全く変化のない固定した値のデータのように見えてしまう．なので，元のデータをグラフで見たり基本統計量を調べてみるなどの下調べをしてからサンプリング間隔の調整方法を決めるべきである．

3.1.3　欠損値と外れ値の処理

金融市場のような人間行動や社会状況に関連するデータは，自然科学における計測データよりも不完全で不正確な場合が多い．今でこそ店舗での商品の購買や経済取引が電子化され，デジタル情報が瞬時に手に入ることも多くなったが，まだ経済指標のもととなる多くのデータはアナログな調査に基づいている．そのため，データにノイズやエラーが含まれていたり，特定の時点のデータが欠けていることも多々ある．また，日次データの場合は営業日だけデータが獲得可能であり，休日や祝祭日の時点のデータが存在しない場合もある．本節では，金融テキストマイニングの目的変数データに欠損値や外れ値が含まれていた場合の処理を説明する．

まず，**欠損値**に関しては，大抵の場合は前節で紹介した補間を行うことにより，近くの時点のデータから欠けている時点のデータを推定する．ただし，欠損の理由が明らかである場合は補間しないこともある．例えば，前述のように

週末の金融価格データが存在しない場合は，無理に補間せず休日をとばして営業日だけで分析してもよい．欠損値の補間を行うべきかどうかは，時系列データの特性や欠損理由をよく考慮して決定する．

次に，**外れ値**の取り扱いも時系列データの特性と金融テキストマイニングの分析目的にしたがって，処理の仕方が変わってくる．まず理論上ありえない値の場合には，そのデータを削除して欠損値と同様の扱いとする．それ以外の場合は，外れ値の処理方法は分析目的に依存する．例えば，経済状況の平均的な挙動や通常時の状況を知ることが目的であれば，何らかの基準を決めてその基準から外れた特性が異なるデータを取り除くこともある．その場合も削除されたデータは欠損値と同じ扱いになる．残った標準的なデータだけを使って予測モデルを作成する．それに対して，大きく株価が変動したときなどの通常とは異なる状況を予測することが目的であれば，逆に基準から外れた特異な時点のデータを使って異常検知のモデルを構築することもある．その場合は，標準的なデータと特異なデータを比較して，その違いが説明変数により予測できるかを分析する．他にもデータに平滑化や正規化などの処理を行って，外れ値を減らす方法もあるが，その詳細は 3.2 節での特徴量抽出の手法の中で説明する．

3.2　時系列データの特徴量抽出

前節で述べたように，説明変数であるテキストデータの特徴量抽出と同様に，目的変数の時系列データにも特徴量抽出を行う必要がある．金融テキストマイニングによる予測分析を目的変数の特徴量によって分類すると次の 2 種類に分けられる．

回帰　目的変数の特徴量が連続値で表されていて，将来の目的変数の特徴を具体的な数値として予測する場合が**回帰**である．回帰では金融テキストマイニングによる予測モデルの出力は連続値となる．例えば，翌日の株価の終値や出来高がどのような値となるかを数値で予測する場合が含まれる．1つの値で予測する場合もあれば，株価が y 円となる確率は $P(y)\%$ というように確率分布で予測する場合もある．

分類　目的変数の特徴量がクラス（カテゴリ変数）で表されていて，将来の目的変数がどのクラスに属するのかを予測する場合が**分類**である．分類では金

融テキストマイニングによる予測モデルの出力はクラスのラベルとなる．例えば，翌日の株価の終値が本日の終値に比べて｛上昇，下落，横ばい｝のどのクラスに属するかを予測する場合が含まれる．予測するクラスをどれか 1 つだけ予測する場合もあれば，クラス c に属する確率は $P(c)\%$ というように確率分布で予測する場合もある．

　金融テキストマイニングの分析目的に結果が合致するようにするためには，回帰の場合でも分類の場合でも，目的変数に関して適切な**特徴量**を分析の前に抽出しておくことが重要である．例えば，将来の目的変数の水準を予測したいのか変化の方向を予測したいのかという目的によって，それぞれに合った特徴量を用意すべきである．また，金融テキストマイニングの予測精度を向上させるためにも，目的変数の特徴量を適切に抽出しているかどうかが鍵となることがある．例えば，季節商品の売上を予測するなら，前月の売上からの変化を見るよりも，前年の同じ時期の売上との変化を見るべきである．また，株式市場全体が好景気または不景気というような全体的な上昇または下降トレンドにある時に，ある企業の価値を分析したいとしよう．その場合は，分析対象の企業の株価そのままの値を目的変数にして予測しても，全体トレンドと同じという当たり前の結果しか得られない可能性が高い．全体トレンドと比較してより大きく株価が変化しているかどうかを表す特徴量を目的変数にしたほうが，対象企業の相対的な価値を適切に分析することができる．このように，目的変数の元の時系列データが持つ傾向のうち分析目的に合う（分析者が知りたい）傾向だけをできるだけ情報を落とさずに強調できれば，金融テキストマイニングにおいて精度の高い分析結果を得ることができる．以下の節では目的変数の時系列データの特徴量抽出方法について代表的な手順を解説する．金融データ以外も含めた一般的な時系列データの取り扱いについては，文献 [18, 19] などを参照してほしい．

3.2.1　時系列データの値を決める要因

　金融・経済に関する時系列データは，様々な要因の複合で時間的に変化している．金融テキストマイニングで用いるテキストデータから抽出される情報が，それらの要因のうちどの要因との関連が深いか，分析を始める前に仮説を立てておくことが重要である．その仮説に基づいて，テキストデータと関連す

る要因だけを反映するように時系列データの特徴量を抽出する．逆に，テキストデータの情報と関連しない要因を事前に取り除くように，時系列データの特徴量を抽出する．これらの処理がうまく行けば，金融テキストマイニングによる予測精度が飛躍的に向上する可能性がある．

　金融や経済に関する時系列データの値を決める要因として，大きく分けて次の式の右辺の各項が考えられる．

$$時系列データの値 = 自己相関 + 長期トレンド + 周期変動$$
$$+ 外生変動 + ノイズ$$

自己相関　過去（数時点前）の自分自身の値が現時点の値に与える影響．

長期トレンド　長い期間に存在する固定した変動の傾向．

周期変動　ある決まった期間で繰り返し発生する変動の傾向．

外生変動　予測対象とは別のメカニズムで生じた事象（外生的事象）が原因となって引き起こされる変動．

ノイズ　特別な傾向や情報を含まないランダムな要因．

　一般的にテキストデータは，長期トレンド・周期変動・外生変動に関する情報を含んでいる．例えば，数年間にわたる長期的な経済・産業の動向や，企業の発展や衰退の方向性について記述しているテキストからは，長期トレンドに関する情報を抽出することができる．年中行事や季節要因について述べているテキストからは，周期変動と関連する特徴量を取り出せる．突発的なニュースや一時的な社会的状況を表すテキストからは，外生変動を説明する変数を生成することが可能である．

　時系列データの値がどの要因によって説明できそうかという仮説によって，時系列データのどのような特徴量を分析に用いるのかが決まってくる．なので，まず時系列データに関して以下の基本的な分析を行って，有効な変動要因にあたりをつけておくことが重要である．

3.2.2　グラフによる可視化

　最初に，複数種類の時系列グラフを利用して時系列データの特性を可視化し，上述の決定要因のうちどれが時系列データの値を決めていそうかという仮説を持つ．最低限見ておくべきグラフは，時系列プロット・変動率のヒストグ

ラム・コレログラム（自己相関のグラフ）とスペクトルの3種類である．

　時系列プロットとは，横軸をタイムステップに，縦軸を時系列データの値にして，データの時系列変化を直接表示したグラフである．時系列プロットにより，主に長期的な上昇や下降のトレンドの有無を確認する．また，ある時点を境にして，その前後の期間でトレンドなどの時間変動の特徴が大きく変わったことがないかどうかを見る．もしそのような構造変化が見られたならば，その時点の前の期間と後の期間でデータを分割して分析を行うか，各データが前後のどちらの期間に属するかを表すダミー変数を説明変数に加えて分析する必要がある．時系列プロットにより明確な周期的変動がないかどうかも見ておくとよい．もし何かしらの周期性がありそうだったら，後のコレログラムやスペクトルで周期変動の詳細を調べることができる．

　変動率の**ヒストグラム**とは，時系列データ y_t の変動率 r_t について，横軸に変動率の値について一定の幅の区間をとり，縦軸にその区間に値があるデータの個数（頻度）をとった分布を表すグラフである．時系列データ y_t が金融価格の場合，r_t は収益率（**リターン**）と呼ばれる．

$$r_t = \frac{y_t - y_{t-1}}{y_{t-1}} \tag{3.1}$$

まずヒストグラムの平均がゼロに近い値であれば，そのデータの期間には固定した長期トレンドが存在していない可能性が高い．他にも**歪度**や**尖度**と呼ばれる高次モーメントで表される分布の統計的特徴を計算して，変動の基本的傾向を調べる．歪度は分布関数の3次モーメントから計算され，分布の非対称性を表す．普段は正（または負）のどちらか一方の小さな変動が多く，たまに逆方向の負（または正）の大きな変動が生じるような非対称が見られる場合は，正（または負）の長期トレンドと負（または正）の外生的な突発的要因が変動を決めている可能性がある．尖度は分布関数の4次モーメントから計算され，分布の尖り具合を表し正規分布に近いかどうかを示す指標となる．尖度が大きい場合は，正規分布と比べて平均値の周りに鋭いピークを持ち両端に長く太い裾を持つ分布となる．この場合は，何か突発的な外生的な要因により時々大きく変動している可能性がある．逆に，尖度が小さい場合は低いピークと短く細い尾を持つ分布であるという事が判断できる．ヒストグラムが正規分布に近い場合は，ノイズ的な要因のみで変動していることも考えられる．ちなみに，金融価

格変動のヒストグラムは有意に大きな尖度を持ち，正規分布に従わないことが
知られている．

コレログラムとは自己相関を表示したグラフである．自己相関とは時系列デー
タのある時点の値 y_t とそこから特定のタイムステップ τ だけ過去に遡った
値 $y_{t-\tau}$ との相関係数を示す．

$$\frac{Cov[y_t, y_{t-\tau}]}{\sqrt{Var[y_t] Var[y_{t-\tau}]}} = \frac{E[(y_t - \mu_t)(y_{t-\tau} - \mu_{t-\tau})]}{\sqrt{(Var[y_t] Var[y_{t-\tau}]}} \tag{3.2}$$

ここで，$\mu_t = E[y_t]$ であり，$E[\cdot]$ は期待値を，$Cov[\cdot]$ は共分散を，$Var[\cdot]$ は分散
を表す．コレログラムは自己相関を計算する時の2時点間のタイムラグ（時間
差）を横軸に，自己相関の値を縦軸に表示している．コレログラムを見ること
によって，時系列データに周期性があるかどうか，もしくは自己相関の要因が
時系列データの値を決定づけていないかを確認できる．ある特定のタイムラグ
の時に自己相関の絶対値が大きいときは，そのタイムラグの周期変動が時系列
データの値を決めている．1カ月や3カ月，1年前の値によってほぼ値が決ま
ってしまうのならば，その季節変動の要因を取り除くように調整した特徴量を
目的変数にして分析するか，説明変数に季節を表す変数を加えて分析する必要
がある．スペクトルと呼ばれる，自己相関のフーリエ変換をした結果を表した
グラフを見ることにより，より詳細に時系列データの周期性を調べることがで
きる．

3.2.3　定常性の確認

目的変数の時系列データの値が，主に自己相関と周期変動とノイズの要因に
よって決定されていて，変動パタンが固定している場合は，自己回帰（AR）モ
デルや移動平均（MA）モデル，自己回帰和分移動平均（ARIMA）モデルなどの
時系列解析手法により精度の高い予測モデルを構築できる可能性が高い．時
系列データの変動の性質が一定で時間的に変化しないときに，時系列データが
「定常である」と呼ぶ．**定常性**には強定常性と弱定常性の2種類がある．強定
常な時系列データ y_t とは，任意の長さ l の部分時系列 $\{y_t, y_{t+1}, \cdots, y_{t+l-1}\}$ が時点
によって変化せず常に同一の同時分布 $f(\cdot)$ で生成されるデータを指す．つま
り，任意の時間差 τ だけシフトしても同時分布が変化しない．

$$f(y_t, y_{t+1}, \cdots, y_{t+l-1}) = f(y_{t+\tau}, y_{t+\tau+1}, \cdots, y_{t+\tau+l-1}) \tag{3.3}$$

強定常よりも少し条件を弱めた弱定常な時系列データとは，平均と自己共分散が時点によって変化しない時系列を指す．つまり，データを生成する確率過程の期待値 $E[y_t]$ が任意の時点で一定であり，ある時点 t と過去の時点 $t-\tau$ の**自己共分散** $Cov[y_t, y_{t-\tau}]$ が時点に依存せずに，2時点の時間差 τ のみに依存した関数 γ で表せる．

$$E[y_t] = \mu \tag{3.4}$$

$$Cov[y_t, y_{t-\tau}] = E[(y_t - \mu)(y_{t-\tau} - \mu)] = \gamma(\tau) \tag{3.5}$$

定常性が仮定できれば，比較的単純な時間に依存しない関数で時系列データの変動を表せる．時系列解析モデルを選択して，説明変数と目的変数の関係を推定するということは，時系列解析モデルの係数（パラメータ）を決定することである．このような比較的単純な式を用いた**パラメトリック解析**では，機械学習手法ではなく統計学的な手法を用いる．

時系列データが（弱）定常性の性質を持たない場合を，非定常時系列と呼ぶ．目的変数の時系列データが定常性を持つ場合は，テキストデータから抽出した特徴量を説明変数に用いて外生要因による変動を推定する必要はない．つまり，金融テキストマイニングが有効となるのは非定常的な時系列データの分析の場合である．一般的に**非定常時系列**を分析するには複雑な関数でモデル化する必要が生じるので，機械学習により表現力の高い複雑な関数への当てはめを行うことが多い．時系列データが定常的であるかどうかを調べるには，Kwiatkowski-Phillips-Schmidt-Shin（KPSS）検定 [20] のような統計的手法を用いることがある．または，時系列データの期間をいくつかに分けて頻度分布をグラフにして，時期によって分布が変化しないかを目視したり，自己相関のコレログラムが期間毎で変化しないかの確認を行うことがある．元の目的変数の時系列データが非定常であっても，3.2.5 節で紹介する変数変換を行ったデータが定常的になることもある．そこで，一般的な変数変換をしても定常時系列をどうしても見つけることができないかをテストして，本当にテキストデータによる説明変数が必要な非定常時系列かを事前に確認しておいたほうがよい．そ

うでないと，金融テキストマイニングで複雑な分析を一生懸命やった後に，実は時系列データが定常的で単純な時系列解析で十分であったことがわかり，無為な時間だったことに気がつくことになるかもしれない．

3.2.4 単位根検定

金融テキストマイニングを行う前に，目的変数の時系列データで確認するべきことは定常性の他にもう1つある．それは**単位根検定**による**見せかけの回帰**の可能性のチェックである．目的変数も説明変数も単位根過程と呼ばれる確率過程に従って生成された時系列データの場合，本来は全く無関係なデータであるのに回帰分析で有意な関係が出てしまうことを見せかけの回帰と呼ぶ．単位根過程とは，ある確率過程 y_t が非定常であり，その差分系列 $\Delta y_t = y_t - y_{t-1}$ が定常である確率過程を指す．ランダムウォークも単位根過程に含まれる．時系列データが単位根過程であるかをテストする統計的手法として，拡張ディッキー – フラー検定 [21] やフィリップス – ペロン検定 [22] がよく用いられる．

3.2.5 変数変換

金融テキストマイニングの目的変数である時系列データが非定常である場合に，テキストデータから抽出した特徴量を説明変数として分析する意味がある．そのため，元の時系列データを以下に説明するように変換して，変換後のデータでも定常性がないかどうかをよく確認する必要がある．定常性があった場合には，時系列解析モデルを用いて自己相関による変動要因を説明した残差に含まれる外生要因をテキストデータで説明するとよい．また，長期トレンド要因や周期要因も変数変換によって取り除いて金融テキストマイニングを行う必要も生じる．他に，データがある決まった範囲の値しか取らないなど，時系列データ自体が持つ特性による個別の傾向からの影響を除くための変数変換も行う必要がある．以下では，よく使われる時系列データの**変数変換**の手法を説明する．

差分変換

時系列データが固定した長期トレンドを有する場合は，元のデータの差分系列を目的変数に用いることがある．この場合は，次の**差分変換**

$$z_t = \Delta y_t = y_t - y_{t-1} \qquad (3.6)$$

により長期トレンド要因を取り除くことができる．1 階の差分でも固定した長期トレンドが顕著に見られる場合には，さらに差分を取って 2 階差分を目的変数とすることもある．

$$z_t = \Delta y_t - \Delta y_{t-1} = y_t - 2y_{t-1} + y_{t-2} \qquad (3.7)$$

対数変換

　時系列データの取る値の範囲が著しく大きく，時点によって桁が異なる値まで変動する場合は，時系列データを対数値に変換することがある．

$$z_t = \log(y_t) \qquad (3.8)$$

元のデータでは時点によって大きくぶれていた変動が，**対数変換**を行うことにより，データの持つ特徴を変えずに均一的な変動に変換することができる．
　対数変換を行うことによりデータの分布が正規分布に近づくことがある．また，対数変換をより一般化した以下の **Box-Cox 変換**を用いて，より正規分布に近づけるように変数変換を行うこともある．

$$z_t^{(\lambda)} = \begin{cases} \dfrac{y_t^\lambda - 1}{\lambda} & (\lambda \neq 0) \\ \log(y_t) & (\lambda = 0) \end{cases} \qquad (3.9)$$

対数差分変換

　時系列データが変化率などである場合，対数値の差分に変換して分析することがある．例えば，金融価格の変動を表すのに，式 3.1 の収益率（リターン）の代わりに，**対数リターン**（対数値の差分）を用いることがよくある．

$$r_t \approx \log(1 + r_t) = \log\left(1 + \frac{y_t - y_{t-1}}{y_{t-1}}\right) \qquad = \log\left(\frac{y_t}{y_{t-1}}\right) \qquad (3.10)$$
$$= \log(y_t) - \log(y_{t-1})$$

式 3.10 の最初の近似は，時点 t と時点 $t-1$ の時間差が十分に小さい場合は収

益率(リターン) r_t は 0 に近いので，テイラー展開の 1 次近似より $\log(1+x) \approx x$ となることを用いている．対数差分を用いると引き算になり，式 3.1 のリターンよりも計算が楽になる．また，対数値を扱うことにより変動のばらつきが抑えられる可能性があり，差分であることから 1 次の長期トレンド要因を除去できる．

ベンチマーク評価

目的変数の時系列データが，あるグループや集団に属する現象から獲得されるデータの場合には，その現象が属するグループの平均などを**ベンチマーク**（比較対象）として，そこからの超過を新たな目的変数にする場合がある．例えば，個別銘柄の株価リターン r_t に対して，その銘柄が属する市場の株価指標（市場の平均株価など）のリターン（R_t）からの差を超過リターンとして分析に用いる．

$$z_t = r_t - R_t \tag{3.11}$$

これにより，市場全体の大きな傾向を取り除いて，個別銘柄だけの変動要因を分析することができる．

ロジット変換

時系列データの値が 0 から 1 までの範囲となるような確率や割合を表す場合には，次の式で表される**ロジット変換**を用いることがある．

$$z_t = \log\left(\frac{y_t}{1 - y_t}\right) \tag{3.12}$$

ロジット変換により変換後のデータは $-\infty$ から $+\infty$ の範囲で値を取ることになる．これにより，様々なモデルを用いて時系列予測ができるようになる．

季節調整

時系列データに顕著な周期性が見られる場合には，以下のような変数変換により周期要因を除去できる．1 つの方法は，季節変動指数を計算して**季節調整**を行う方法である．例えば月別平均法とは，月次のデータについて過去数年間での各月の平均値を計算して，その値をその月の季節変動指数とする方法で

ある．パーソンズ法(連環比率法)では，月ごとに前の月との比(前月比)を計算
し，その前月比の平均値を季節変動値とみなす．元のデータをその月の季節変
動指数で割ることにより，季節変動の影響を除去する．もう1つのよく使わ
れる方法は，周期の長さだけ過去のデータの値と現在の値の比を使用すること
である．例えば，1年間の周期性がある時系列データならば1年前のデータと
の比(前年比)を用いる．

移動平均

　金融や経済の大まかな変動を分析したくても，元の時系列データには様々な
要因が影響していて変動が激しすぎる場合がある．そのような小さな変動は除
去してより長期的な傾向をわかりやすくするために，**移動平均法**を用いること
がある．移動平均法では，以下の式のように直近の T 期間の時系列データの
平均値を計算する．

$$z_t = \frac{1}{T} \sum_{k=t-T+1}^{t} y_k \tag{3.13}$$

時系列データが一定周期の変動を示している場合には，移動平均の期間 T を
周期の長さと同じにすることにより，周期要因の影響を除去できる．移動平均
を計算する場合に，次のように加重平均を計算する場合もある．

$$z_t = \frac{1}{T} \sum_{k=t-T+1}^{t} w_k y_k \tag{3.14}$$

最近のデータほど重要視したい場合は，例えば重み w_k を線形関数や指数関数
で表し，新しい時点の重みほど大きくなるようにする．また次の式のように，
元の時系列データを中心とした前後 T 期間ずつのデータを含めた平均値を計
算する方法もある．

$$z_t = \frac{1}{2T+1} \sum_{k=t-T}^{t+T} y_k \tag{3.15}$$

移動平均により時系列データをなめらかにすることができる．しかし，元のデ
ータに外れ値などが含まれる場合には，外れ値に平均値が大きく影響を受け，
元のデータが持っていた傾向が見えなくなってしまうことがある．その場合に
は，平均値の代わりに外れ値の影響を受けにくい中央値(メディアン)を用いる
移動中央値で時系列データの平滑化を行うこともある．

第4章 テキストマイニングと金融における評価指標

　本章では，金融テキストマイニングにおいて取り組まれているタスクの種類と評価について紹介していく．金融分野においては，インターネットを通した注文・取引だけではなく，情報発信・取得など情報技術を活用したサービスもあり，加えて幅広いテキストを対象とした応用も広がっている．例えば，企業から出される**決算短信**や有価証券報告書，あるいは証券アナリストが報告する企業についての**アナリストレポート**などは，その企業の業績や株価などと関係性の強い情報源にあたる．また，毎日発信されているニュース記事においても，経済・金融分野に直接的に関わるニュースのみならず，政治や社会情勢など経済分野に関わる情報も含まれ，幅広い領域の情報が分析の対象となりうる．2011年には，ソーシャル・ネットワーキング・サービス(**SNS**)であるTwitterのテキストデータを用いた研究事例として，ユーザが投稿したテキストから感情を分析し，全体的な雰囲気と株価の関係を分析した研究も報告されている [23]．本章では，テキストマイニング技術を金融・経済分野への応用における目的別に分類し，それに対する手法および評価について紹介していく．本書で紹介される応用事例の理解の助けとなること，そして金融テキストマイニングを始めるにあたっての参考となることを期待する．

4.1　金融予測の評価指標

　金融における予測タスクは，その精度が業績につながる重要な課題であると同時に，非常に難しい挑戦的な課題であるといえる．機械学習の研究分野の進歩とともに，金融分野においても株価や経済指標などを予測の対象として，多くの研究事例が報告されている．例えば，機械学習を用いて株価を予測するとした時，図4.1のように，過去の株価データだけではなく，テキストデータな

図 4.1　機械学習による株価予測.

ども含めて入力データとして与え，将来の価格を予測する．ここで予測対象として扱われることが多いのは，株価や経済指標といった時系列データである．これらを予測するために機械学習手法を用いて学習させた予測モデルを評価する際は，従来的な機械学習の評価方法と同じような形式を用いる．つまり，用意されたデータを，学習用データと評価用データに分割し，学習用データで予測モデルの学習を実行し，評価データで予測モデルの評価をする．

　評価対象となる株価や経済指標などに対し，予測タスクでは回帰問題として将来の値そのものを予測するケースや，将来の値が上昇(Up)するもしくは下降(Down)するという分類問題として捉えそれを予測するケース[1]，そして，学習させた予測モデルが取引行動を決定するまでを含む運用パフォーマンスで評価をするケースが挙げられる．以下では，予測タスクにおける学習方法や評価指標を大まかに紹介していく．

4.1.1　回帰問題としてのアプローチ

学習手法

　テキストマイニングの手法を用いて予測モデルに入力する特徴量(例：文書における単語頻度など)を作り，それを用いてサポートベクター回帰(Support Vector Regression)といった機械学習手法や，あるいは統計手法である**線形回帰**(Linear Regression)といった方法を用いて予測モデルを作り予測させる．

1　分類問題としては，二値分類だけではなく，上昇・下降・ニュートラルの三値分類問題も考えることができる．例として，株価の値について予測することを考えた時，入力データとして与える現在の株価の値からの変化分に対して閾値を設定することで，出力を3つに切り分けることができる．

評価指標

　株価や経済指標などの値を予測しその精度を評価する指標としては，従来の機械学習と同様に，予測誤差が使われる．単純に正解値との差分の平均誤差だけではなく，**平均二乗誤差**（Mean Square Error: MSE）や**二乗平均平方根誤差**（Root Mean Square Error: RMSE）など，機械学習手法でよく用いられる指標で予測の精度を評価する．

4.1.2　分類問題としてのアプローチ

学習手法

　分類問題においても，基本的な流れは**回帰問題**と同じである．予測モデルに入力する特徴量を作り，分類モデルに入力データとして与え，分類ラベルを出力する．分類タスクは，離散的なラベルが出力値として扱えるので，様々な機械学習を適用しやすい．例えば，**サポートベクターマシン**（Support Vector Machine）や，**ニューラルネットワーク**（Neural Network），**ランダムフォレスト**（Random Forest）など，代表的な手法が適用可能である．また，統計手法である**ロジスティック回帰**（Logistic Regression）を用いて各ラベルの確率を求め，最も確率の高いラベルを出力させることもできる．

評価指標

　ここでの評価指標には，機械学習における一般的な評価指標を用いることができる．評価指標としては，**正解率**（**Accuracy**），**適合率**（**Precision**），**再現率**（**Recall**），適合率と再現率の調和平均である **F 値**（**F-score**）などが挙げられる．例えば，二値分類問題を例としたとき，表 4.1 に示すような**混同行列**（**Confusion matrix**）を作ることができる．真に正のデータに対して予測モデルによる分類が正である場合が TP（True Positive）と示されている．テストデータを用いて検証した結果の個数が表内のそれぞれのセルに当てはまる．これらに該当する値を用いて，下記の数式に当てはめ，それぞれの評価指標が計算できる．

$$\text{Accuracy} = \frac{\text{TP} + \text{TN}}{\text{TP} + \text{FP} + \text{TN} + \text{FN}} \tag{4.1}$$

$$\text{Precision} = \frac{\text{TP}}{\text{TP} + \text{FP}} \tag{4.2}$$

表 4.1 二値分類問題における混同行列.

		予測モデルによる分類	
		正	負
正解データ	正	TP (True Positive)	FN (False Negative)
	負	FP (False Positive)	TN (True Negative)

$$\text{Recall} = \frac{\text{TP}}{\text{TP} + \text{FN}} \tag{4.3}$$

$$\text{F-score} = \frac{2(\text{Recall} \cdot \text{Precision})}{\text{Recall} + \text{Precision}} \tag{4.4}$$

4.1.3　運用テストによる評価

　予測した結果の値をそのまま評価するだけではなく，その結果に基づいて取引行動を決定させ，その**運用テスト**の成績まで含めて検証するという評価方法である．運用テストの評価においては，予測モデルを用いて上記で説明したような回帰問題あるいは分類問題として予測した結果をもとに，取引行動の決定を行う仕組みまで含めて評価する．売買行動の決定まで含めて評価することで，自身の資産を最大化させたり，金融商品を組み合わせた**ポートフォリオ**の運用においてリスクを最小化させたりすることを目的として評価する．こうした評価をすることで，より良いパフォーマンスが期待できる**取引戦略**やポートフォリオの組み合わせの獲得に取り組むことができる．具体的には，評価データとして過去の実データである値動きなどを用いて，取引を**シミュレーション**することで評価する（**バックテスト**とも呼ばれる）．運用テストにおける取引や**執行コスト**などを設定し，運用期間のパフォーマンスを計算することで評価する．金融分野における評価指標は数多く存在しているため，ここでは比較的取り組みやすい基本的な指標を紹介していく．

損益の計算　自身に設定した資産をもとに市場で売買を行うことで生じる利益や損失を計算する．単純な例として，ある銘柄の株取引において，将来の価格がある閾値 B を上回ったら購入し，ある閾値 S を下回ったら売却するというような，非常に単純な取引ルールを設定する．現在(t)の価格や得られたデータから，予測モデルを用いて将来($t+1$)の価格を予測した

時，閾値を超えるかどうかを判断し売買行動を決定する．このように，取引行動の売買におけるルールを設計し，予測モデルと合わせて取引行動を決定することで，損益を計算して評価する．評価に際しては，最終的な損益で比較する，ある期間ごとの損益から平均値を求め比較する（季節性のようなトレンドを考慮する必要もある）など，分析の目的に合わせて評価方法を決定する必要がある．

超過リターン　ポートフォリオなどを組んで運用をする際に，ベンチマークと比較してリターンがどのくらい上回ったかを測る．ベンチマークの代表的な例としては，日経平均株価（日経 225）や東証株価指数（TOPIX）などが挙げられる．

最小リスク　価格の変動幅をリスクとして設定する．これは，安定した運用ができているかを測る指標となる．例えば，異なるポートフォリオを構築して運用した際に，同じリターンが得られたとしても，価格変動が少ないポートフォリオのほうが安定していることを示すことができる．リスクの計算には，標準偏差の値やそれをベースとした様々な指標がある．

最大ドローダウン（Maximum draw down）　資産が最大のときと，その後の最小のときの最大価格差を計算することで求められる．この値が小さいということは損失を抑えた運用ができていることを示し，運用における損失の程度を測ることができる．最大ドローダウン MDD は次の式で求めることができる．

$$\text{MDD} = \frac{P-L}{P} \tag{4.5}$$

ここで，P は最も資産が大きいときの値を示し，L は P の後の最も低い資産の値を示す．

シャープ・レシオ（Sharpe ratio）　1966 年にウィリアム・シャープにより提案された，価格変動に対して得られたリターンの大きさを示す投資の効率性を測る指標である．この値が大きいと，効率的な投資でよい運用ができていることを示す．シャープ・レシオ S_p は次の式で求めることができる．

$$S_p = \frac{E[R_P] - r_f}{Var[R_P]} \tag{4.6}$$

ここで収益率を R_p としたとき，$E[R_p]$ は R_p の期待値であり，$Var[R_p]$ は

R_p の分散，r_f は安全資産の金利を示している．

リスクリターン率　リスクに対するリターンの大きさを示す評価指標であり，総損益を最大ドローダウンで割ることで算出できる．リスクリターン率の数値が大きいほど，少ないリスクで利益を上げていることを示し，一方で，数値が小さいほど，利益に対してリスクが大きいことを示す．

上記の評価方法では，実データを用いた評価という面で，予測モデルの性能に対して納得感のある結果が得られるように思われるかもしれないが，予測モデル自身は市場に対して実際の売買取引をしているわけではない．つまり，**市場参加者**としての側面において，評価が十分ではない．特に金融機関のように扱う取引量が多い場合においては，その売買行動にあたって市場の値動きに影響を与える**マーケット・インパクト**を考慮する必要がある．また，過去には**金融危機**や**金融政策**の影響によって経済は様々な反応を示しているが，全く同一の状況におけるデータは存在しない．金融危機と呼ばれる状況は何度も存在したが，そのどの状況においても社会情勢や政策による対応，技術の発展やインフラ整備など，様々な側面が異なるため，金融・経済への影響は必ずしも同じような結果になるとは限らない．

この点については，マルチエージェント技術を応用した人工市場シミュレーションを用いて，過去に観測されたデータからの統計的特性を再現する研究がなされている．これを応用すれば，多数の人工的なテストデータセットで予測モデルを学習させることができるため，特定のデータセットに対する過適合を抑えることができる．これにより，頑健な予測モデルを構築できると期待される．

4.2　金融テキストからの関係抽出・単語抽出

金融テキストマイニングにおける関係抽出タスクは，基本的に自然言語処理におけるタスクと同様である．例えば，SemEval のような国際会議のワークショップで公開される様々なタスクやデータセットの中には，テキスト内で様々なラベルが付与されており，適切な関係ラベルに分類するタスクがある．このように，ラベルが付与されたテキストを用いて，機械学習などの手法を用いて分類モデルを構築しその精度を評価する．よって，人手でラベルを付与したデ

ータセットを用意する必要があり，データセットの作成にコストがかかる．また，関係抽出の一部である因果関係抽出において，因果関係を表す表現に着目し，それらの前後のテキストは因果関係にあると定義して，因果関係を含むテキスト情報の抽出に取り組む研究もある．この研究においては，因果関係を表す表現についてラベルを付与したデータセットを用意して，機械学習を用いた学習や評価に適用する．本書の第6章にて，金融テキストから因果関係を抽出する事例を紹介しているので，詳細についてはそちらを参照されたい．

4.2.1 手法

手法としては，従来の機械学習における分類タスクに取り組む場合と同じように，テキストから特徴量を抽出して入力として与え，テキスト内における関係性ラベルを出力させる．その精度を正解データと付き合わせることで，評価することができる．用いられる手法としては，サポートベクターマシンやランダムフォレスト，ニューラルネットワークやロジスティック回帰などがある．

4.2.2 評価

機械学習における分類タスクと同様に，適合率(Precision)，再現率(Recall)，F値(F-score)などを用いて評価できる．

4.3 金融テキストマイニングと検索タスク

テキストマイニング手法を用いた検索タスクとしては，類似文章の検索や，金融テキストから獲得した情報を用いた情報検索といった活用が考えられる．金融経済の分野では，ある経済的イベントについて記述されている文書内の文章を入力として与えたとき，似たような文章が含まれている他の金融テキストを探し出すことで，入力として与えた文章の内容について周辺情報を補完するような情報にたどり着いたり，同じ経済イベントでも違った側面からの記述を見つけるといったことができる．入力として与えた文章と検索対象とするテキスト内の文章の類似度などのスコアを測定し，スコア順で検索結果を表示することで，類似の文章を含んだテキストにアクセスできる．同じようなアプローチとして，金融文書から取り出した因果関係を連ねた因果チェーンによる情報

検索のような活用事例もある（第7章参照）. キーワードを入力し，そのキーワードと対応する因果関係を含んだ文章を取り出すことで，経済的な波及効果の探索と要因列挙が可能となるシステムである.

4.3.1 手法

文章の類似度を測る方法としては，コサイン類似度を用いた測定がよく用いられる. しかし，コサイン類似度を求めるためには，入力として与える文章をベクトル化する必要がある. その方法としては，例えば，BoW（Bag-of-words）や TF-IDF などの，単語の出現に着目してベクトル化する方法が挙げられる. また，Word2vec などの，分散表現を用いて単語をベクトル化し，**Word movers distance** を用いて文章の類似度を計算するといった方法や，**Doc2vec** を用いて類似度を求める方法もある.

4.3.2 評価

評価用のデータセットを用意できるのであれば適合率（Precision）や，検索結果の上位 N 個で見たときの適合率（Precision@N）などが評価方法として使用できる. 以下に，ランキングの評価をする評価指標をいくつか示す.

Precision@N　上位 N 個に含まれる正解数を N で割ることで計算できる.

$$\text{Precision@}N = \frac{TP_N}{N} \tag{4.7}$$

ここで，TP_N は上位 N 個に含まれる正解数を示す.

Recall@N　上位 N に含まれ，かつ，評価データセットに含まれるものの数を，評価データセットに含まれる正解数で割ることで計算できる.

$$\text{Recall@}N = \frac{TP_N \cap \alpha}{\alpha} \tag{4.8}$$

ここで，α は評価データセットに含まれる正解数を示す.

AP　Average Precision の略で，上位 N 個の中で正解だったものの Precision@N の平均をとったもの. 以下の式で計算できる.

$$\text{AP} = \sum_{k=1}^{N} \frac{\text{Precision@}k \times z_k}{\sum_{i=1}^{k} z_i} \qquad (4.9)$$

$$z_k = \begin{cases} 1 & \text{上位 } k \text{ 番目が正解} \\ 0 & \text{それ以外} \end{cases}$$

MAP Mean Average Precision を意味し，AP の平均を計算することで得られる．以下の式によって計算できる．

$$\text{MAP} = \frac{\sum_{q=1}^{Q} \text{AP}(q)}{Q} \qquad (4.10)$$

ここで，Q は各評価データセットの集合を指す．

MRR Mean Reciprocal Rank を意味し，以下の式によって計算できる．

$$\text{MRR} = \frac{1}{|U|} \sum_{u \in U} \frac{1}{r_u} \qquad (4.11)$$

ここで，U は出力結果全体を意味し，r_u は出力結果 u のうち最初に正解で出現した順位を表す．

しかし，データセットを用意するには人手を必要とし，コストがかかってしまう．そうした評価データがないケースにおいては，ユーザに使ってもらいフィードバックを得ながらパフォーマンスを改善するように調整していくなどが方法として挙げられる．

4.4 金融テキストのトピック分析

トピック分析とは，文書の単語頻度を測定し，単語の共起性を確率的に分析して指定した数のトピックを求めることである．対象とする文書において，どのような単語で構成されたトピックがどのくらい現れているのかを求めることができる．

4.4.1 学習手法

用いられる手法としては，確率アプローチによる潜在意味解析 **pLSA**（probabilistic latent semantic analysis）や，LDA（latent Dirichlet allocation）などのトピ

ックモデルと呼ばれる手法が挙げられる（LDA については第 8 章参照）．これらのトピックモデルを用いて金融文書を分析した研究も報告されている．金融テキストにおいては，数値とテキストがセットとなったデータセットが多く存在しており，**sLDA**（supervised latent Dirichlet allocation）を用いて，LDA に各ドキュメントに対する教師信号となる変数として数値データを加えることで，ドキュメントと教師信号の双方に対応する潜在変数を推論させる．金融テキストにおける例としては，市場の値動きとその市場のニュースのセットや，マクロ経済指数と経済ニュースや経済分析レポートのセットなどが挙げられる．

4.4.2 評価

　トピック分析は，文書で取り上げられているトピックを推定する教師なし学習手法であり，結果については人手で確認し判断することとなる．上でも述べたように，金融テキストを対象とする場合にも，テキスト情報だけではなく，市場の数値情報も対応付けて分析することが考えられる．例えば，市場の不確実性指標として用いられる **VIX 指数**（volatility index）と，テキスト内で記述されている不確実性に関するトピックを抽出して，関係を分析するといった研究事例 [24] もある．課題としては，設定したトピック数によって出力結果は異なるため，トピック数をいくつに設定するかという問題がある．これを機械的に評価する手法として Perplexity と Coherence があり，これらを用いることで，生成したトピックモデルを評価することが多い．

4.5　金融テキストと要約

　文書要約とは，与えられた文書に記述された情報を簡潔に短くまとめることである．Mani はその著書「Automatic Summarization」[25] にて，「要約の目標は，情報のソースを受けとり，そこから内容を抽出し，最も重要な内容をユーザに，簡約した形で，かつユーザやアプリケーションの要求に応じる形で，提示することである」と述べている．コンピュータを用いて，ある文書の要約を自動的に生成するという研究は，自然言語処理の中でも歴史は古く，既に1950 年代から Luhn ら [26] によって行われてきた．経済や金融分野においても文書要約は注目されている．例えば，証券会社から出されるアナリストレポ

ートでは，ニュースや**プレスリリース**，株価の評価，マクロ経済のトレンドなどが考慮された上で，それぞれの銘柄の評価が書かれている．アナリストレポートには決算状況や株価，会社発表の情報などの事実だけでなく，これらの情報をベースにしたアナリストによる将来の予測など投資家にとって有益な情報も掲載されるが，決算期には多くのレポートが発行されるため，それらすべてを読んで理解するには非常に時間や労力がかかる．そこで，アナリストレポートの中で業績・株価予想の根拠となる情報を捉え，それらを自動的に要約するという研究事例もある．

4.5.1 手法

要約のタスクにおいて，評価のためのデータセットが用意できる場合は，教師あり学習として，サポートベクターマシンやランダムフォレスト，ニューラルネットワークなどの手法が適用可能である．特に，翻訳タスクなどでも用いられる深層学習手法の1つである**Sequence-to-Sequence**（**Seq2seq**）モデルを用いた手法が多く研究されている．

4.5.2 評価

金融・経済に関する文書の要約タスクにおいても，自然言語処理分野における評価方法と同じように評価できる．具体的には，生成した要約と人間が作成した要約の一致度を計測することで評価が可能である．代表的な評価指標としては，**ROUGE**（Recall-Oriented Understudy for Gisting Evaluation）[27] や**BLEU**（bilingual evaluation understudy）[28] が挙げられる．これらの指標は，自動翻訳においても用いられる評価指標である．しかしながら，これらのタスクにおいては，評価するためのデータセットを作成するコストがかかるという課題もある．一方で，自動要約されたものをそのまま使うのではなく，それを用いる人間が自動要約された文章を読んで判断し，修正を加えたりすることで，要約する手間を省く支援活用なども考えられる．

4.6 極性分析の活用

金融テキストを対象とした**極性分析**は，金融経済の動向を把握する上でも有

望な分析手法である．例えば，ニュースなどで経済が上向きであるような表現が多く出ると，それに反応して市場の株価や経済指数が上昇するといったことが起こりうる．こうした場合にも，その表現の極性を分析し文書の情報を数値化することで，ポジティブな内容なのかあるいはネガティブな内容なのかを数値として表現することができる．

　金融テキストの極性分析の主な方法としては，極性辞書を用いて単語の極性値を測りテキスト極性値を推定し分析する，というものがある．**極性辞書**とは，単語の極性情報に関する辞書であり，特定の文脈においてポジティブな意味をもつ単語にはプラスの極性値が，ネガティブな意味をもつ単語にはマイナスの極性値が割り振られている．通常，極性辞書は人手によって作成されるが，極性辞書を半自動で構築する手法の研究報告なども存在する．

4.6.1　手法

　手法としては，機械学習を用いてテキストにおける単語を特徴量として入力させて，対象とする文書がポジティブかネガティブかの出力を学習させる．サポートベクターマシンやランダムフォレスト，ニューラルネットワークやロジスティック回帰などの代表的な手法を用いることができる．また対象テキストの極性値を利用して，投資判断の基準とすることで運用テストによる評価・検証も可能である．

4.6.2　評価

　予測タスクや分類タスクと同様に，適合率(Precision)，再現率(Recall)，F値(F-score)などを用いて評価できる．評価データとしては，文書に対してポジティブかネガティブかがアノテーションされたデータセットが用いられることが多い．また，金融テキストから求めた極性値を利用して将来の株価を予測し運用テストを行うような場合では，超過リターンなどの運用テストにおける評価指標を用いることもできる．

第5章 多変量解析を用いた経済テキスト分析と金融価格推定

　本章では，経済に関連する専門的な内容が多く書かれているテキストデータを分析して，金融市場の価格変動を予測するための大きな枠組みを説明する．本章で用いるテキスト分析手法は，主成分分析や回帰分析などの伝統的な統計的手法を組み合わせたものである．他の章で用いるような最新の機械学習アルゴリズムは使用しない．しかし，複雑な機械学習で学習したモデルの中で行われている処理でも，本章での一連のプロセスを暗黙のうちに行っている．本章で解説するプロセスの各段階で，テキストデータからどのような情報が抽出され金融市場分析に結びつくのか，という流れを理解してほしい．

　そもそも，テキストデータから将来の金融価格を予測できるとしたら，どのような場合がありうるのだろうか．まず，金融市場分析に有用なテキストデータがどんな情報を含んでいるのかということから説明する．テキストデータを市場分析に役立てるには，量（データサイズ）か質（吟味された金融情報）のどちらか一方，できれば両方を性質に持つことが必要である．

　膨大なテキストデータであれば，たとえ一つ一つのテキストが直接的に金融や経済現象に言及していないとしても，テキストデータ全体で，世間全般が持っている，景気や将来の生活に関する意見・見方を測ることができる．この方法で知ることができる平均的な景況感は，消費活動や投資活動を通して，金融市場の将来動向の大きな背景となる．例えば，Twitterやブログなどは，一番多様な内容と書き手を持つテキスト情報である．多くの書き手は経済の専門家ではなく，書かれている内容も日常的な事柄を含む非常に多様で統一性のないものであるが，膨大な量テキスト情報を集めることが可能である．Twitterのテキストデータから翌日のダウ・ジョーンズ工業株価平均の変動を予測する研究もある [23].

　質と量の両方をある程度そなえている金融テキストは，経済ニュースや金融

専門の掲示板への投稿などである．金融テキストマイニング研究で最も初期から分析されているのが，ロイターや Bloomberg，日経 QUICK などのオンライン上の経済ニュースのテキストである [29-34]．記事内容は経済に関連のありそうな事項であり，書き手も経済の専門家とは限らないが記者という人たちに限定されている．また，Web 上には，個別の株式銘柄に関する情報を書き込む掲示板サイトがある．書き手はその銘柄に興味がある人たちであり，書かれている内容も一応その銘柄に関連する事柄に限定されている．例えば，個別銘柄に関する掲示板データから翌日の株価リターンや出来高を予測する研究もある [35, 36]．金融機関のトレーダーたちも，こういった記事を取引時の参考にしている．

質が高い金融テキストとは，金融や経済の専門家等の知識の深い人々が，ニュースや経済指標などの様々な1次情報を選択し，経済や金融の現状解析や将来動向を分析して書いたテキストのことである．証券会社が発行するアナリストレポートや，政府系金融機関の市場レポートおよび議事録，または機関投資家や個人投資家が書いているブログなどが該当する．本章では，一番専門的なテキスト情報である，金融機関の発行する経済レポートを分析対象とした金融テキストマイニングの手法を，次節以降で紹介する [37-40]．本章で扱うテキストは，経済の専門家たちが他の専門家や投資家に向けて市況を解説するために書いたものであり，内容は市場に直接関係する事柄だけである．内容が専門的であるだけでなく，テキストの様式や言葉使いも，ある程度の統一性を持っている．定期的に発行され形式も定まった経済レポートから，テキストの特徴の時間変化を抽出し，月次以上の長期的な価格時系列データの変動との関係性を発見する手法を紹介する．

5.1　テキストデータによる長期市場分析

金融市場のトレーダーたちは，市場に影響を及ぼす多様な情報を取捨選択し，現在の市場の状況を分析・予測している．しかし，現場のトレーダーが，送られてきた情報の全てに自分で目を通して市場分析に用いることは不可能に近い．そのため，いくつかの情報技術を市場分析に適用する金融テキストマイニング研究が行われ，一定の成果をあげてきた．しかし，多くの金融テキスト

マイニングの研究は，数分から 24 時間以内の短期的な市場の反応を分析対象としており，より長期的な市場動向の分析にはあまり用いられてこなかった．これは，今まで多くの金融テキストマイニングで使われてきたニューステキストの内容は，金融市場に短期なインパクトしか与えないという暗黙の仮定を分析者が持っているからだろう．そのような仮定の背景には，今まで金融テキストマイニングではニュース記事や掲示板への投稿などの形式が不定形なテキスト情報を使用していたため，比較的複雑な機械学習手法を使わなければ，異なる時点間のテキストを比較して長期的な時間変化を抽出することが困難であったことがある．それに対して，定期的に発行され形式も定まったテキストデータであれば，多変量解析などの比較的単純な手法でも，テキストの特徴の時間変化を抽出し，月次以上の長期的な価格時系列データの変動との関係性を発見することが可能である．

　本章で用いる入力テキストは，金融経済月報と呼ばれる**経済レポート**である．金融経済月報は，日本銀行が日本全体の金融・経済情勢を分析し，政策判断の背景となる金融経済情勢を説明する資料であり，1998 年から 2015 年末まで毎月半ばに A4 で 15〜20 ページの分量で公開されていた[1]．日本銀行はこの情報によって，当面の経済動向をどう分析しているかを対外的に明らかにしているため，当時の金融市場のトレーダーが多かれ少なかれ着目していた共有の重要テキスト情報であった．金融経済月報が長期分析に有効な理由は，解説内容の順番や段落構成等がほぼ定式化されていて，月ごとのテキスト内容の変化が比較しやすいからである．次節以降で，テキスト内容の変化を数値化し時系列データを関連づけるために多変量解析手法を組み合わせた，共起解析（co-occurrence analysis）と主成分分析（principal component analysis），回帰分析（regression analysis）のステップからなる **CPR 法**を紹介する．

5.1.1　共起関係に基づく特徴語の抽出（C）

　最初に，1998〜2007 年の 10 年間のテキスト情報における単語の共起頻度から主要な単語を抽出し，さらに出現頻度の時間変化パタンの主成分分析により人間にも理解しやすい特徴語を抽出する．

1　https://www.boj.or.jp/mopo/index.htm．2016 年以降，金融経済月報は「経済・物価情勢の展望」(展望レポート)に集約された．

テキストデータは，言語情報のままでは機械学習や統計的手法に入力することができないので，自然言語から多次元の数値データに変換する必要がある．現状の金融テキストマイニングにおいては，実は最初のこの段階が予測精度の向上の鍵となっている場合が多い．様々な単語やフレーズ，文から，できるだけ過不足なく市場分析にとって重要な情報を抽出することが，一番難しいタスクなのである．他の章で説明する埋め込み表現のような高度な機械学習手法を使い，一般的な分野のテキストデータで学習されたモデルを，金融のような専門分野に適したモデルにそのまま用いても，うまくいかないことが多い．分野に適した調整が必要となる．

　本節で分析する金融経済月報は，表現上のぶれをできるだけ避け，ある特定の経済状況を表すときには過去の月報で用いた表現と一貫性を保つように気をつけて書かれている．そのため，本節で紹介する手法では，テキストの発行者（日本銀行）からみた特定の金融・経済情勢と，その情勢を解説するテキストで用いられている単語の集合が対応していると仮定した．そのような特定の状況を表す単語集合を抽出するため，単語と単語が同じ文脈で一緒に出現するパタン（共起関係）に着目した．具体的には，金融経済月報の中で1文や1段落などの特定の経済状況を解説している箇所を，共起頻度を計算する際の1つのブロック（共起範囲）とする．同じブロックで共起しやすい単語の組に含まれる単語を以下の手順を用いて抽出し，金融経済月報の特徴語とした．

形態素解析

　まず，各月の金融経済月報テキストを，形態素解析によって形態素に分割する．具体的には形態素解析ツール MeCab [41] を用いて，「物価の現状をみると」というフレーズは「物価-名詞/の-助詞/現状-名詞/を-助詞/みる-動詞/と-助詞」という品詞情報付きの形態素に分割される．形態素解析の際に「国内企業物価」や「消費者物価」のような専門用語が1つの形態素とみなされず，細かく分割されすぎて，市場分析に適切な共起頻度が計算できない恐れがある．例えば，「消費者物価の上昇」は「消費者物価」と「上昇」の組み合わせとなった方が，「消費者」と「上昇」や「消費者」と「物価」の組み合わせとなるよりも，経済状況をよく表せる．目的にあった形態素解析を行うために，重

物価の現状をみると、国内企業物価は、国際商品市況高などを背景に、3か月前比でみて上昇している。消費者物価（除く生鮮食品）の前年比は、ゼロ％近傍で推移している。

⇓

/物価/-/現状/-/みる/-/、/国内企業物価/-/、/国際商品市況/高/-/-/背景/-/、/3か月/前/比/-/みる/-/上昇する/-/-/。/消費者物価/（/除く/生鮮食品/）/-/前年比/-/、/ゼロ/%/近傍/-/推移する/-/-/。

図 5.1　金融経済月報の形態素解析と不要語削除の結果例.

要な単語の辞書（形態素リスト）を自分で作成したり，NEologd 辞書[2]等の公開されている辞書を用いることが多い．または，形態素解析後に TermExtract[3]などの専門用語抽出システムを用いて，連続した名詞を連結して 1 つの語とすることを行う．さらに，市場分析に不要な品詞や単語を取り除くことにより，明らかに意味のない共起表現を抽出しないようにする．金融経済月報の分析では，助詞を削除して必要な品詞（名詞・動詞・形容詞）だけを取り出した．また，「です」「ます」等の不要な単語をあらかじめリストアップして，これらの不要語も削除した．図 5.1 に，金融経済月報テキストの一部に対して形態素解析と不要語の削除を行った結果の例を示す．

共起関係の計算

　次に，同一の文脈内での単語の組の結びつきの強さを計算する．今回は，1 つの段落をある特定の経済状況を解説している同一文脈の範囲と仮定した．最初に，各月 t の金融経済月報テキストデータ $D(t)$ の特徴を表す主要単語を，前項の手法で抽出する．主要単語間の結びつきを計算して特徴語を抽出する方法には，単純な**共起頻度**，Jaccard 係数等があるが，今回は**KeyGraph** アルゴリズム [42] に基づいて抽出された，概念間を結ぶ橋となるキーワードも各月の主要単語に含めた上で，特徴語の抽出を行った（図 5.2）．

　(1) Jaccard 係数による単語ネットワーク生成　　$D(t)$ 中の名詞・動詞・形容詞

2　https://github.com/neologd/mecab-ipadic-neologd/

3　http://gensen.dl.itc.u-tokyo.ac.jp/

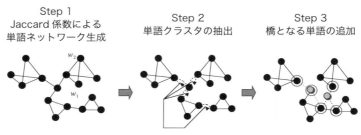

Step 1
Jaccard 係数による
単語ネットワーク生成

Step 2
単語クラスタの抽出

Step 3
橋となる単語の追加

図 5.2　KeyGraph アルゴリズム.

のうち，頻度が上位 M 個の高頻度語の集合 $HighFreq = \{w_i\}$, $i = 1, \cdots, M$ を抽出する．今回は $M = 30$ とした．次に，$HighFreq$ 内の単語 w_i, w_j 間の共起度 $co(w_i, w_j)$ を **Jaccard 係数**で計算する．金融経済月報では各段落が，経常収支や国内企業活動などの各テーマの完結した解説文章の単位となっている．そのため，各段落を共起範囲として Jaccard 係数を計算した．

$$co(w_i, w_j) = \frac{D(t) \text{ のうち } w_i, w_j \text{ が共に出現する段落数}}{w_i, w_j \text{ の少なくとも一方が出現する段落数}}$$

Jaccard 係数の上位 L 個の単語のペアをリンクで結び，単語ネットワークを作成する．今回は $L = 30$ とした．

(2) 単語クラスタの抽出　単一のパスのみで接続される単語間のリンクを削除し，単語のクラスタ（土台）を抽出する．

(3) 橋となる単語の追加　最後に，$D(t)$ 中の全ての語 w に対して，全ての土台 g が考慮されたときに語 w が用いられる条件付き確率 $key(w)$ を計算し，上位 N 個を土台（概念）間を結ぶ橋となるキーワード $HighKey$ として主要単語に加える．今回の橋となる単語の数は $N = 10$ とした．

$$key(w) = probability\left(w | \bigcap_{\forall g} g\right) = probability\left(\bigcup_{\forall g}(w|g)\right)$$
$$= \left[1 - \prod_{\forall g}\left(1 - \frac{\text{語 } w \text{ と土台 } g \text{ 中の語の共起度}}{\text{土台 } g \text{ 中の語の出現頻度}}\right)\right]$$

5.1.2　主成分分析による特徴語のグループ化（P）

過去の一定期間 $\{t_{-1}, \cdots, t_{-T}\}$ の各月 t の主要単語 $HighFreq(t)$ と $HighKey(t)$

に含まれる語の出現パタンに対し主成分分析を行い，主要単語をグループ化
し，特徴量の次元圧縮を行う．上記期間で少なくとも 1 回以上主要単語に含
まれた全ての単語 w_i に対して，下記のような出現行列を作成する．

$$A(w_i, t) = \begin{cases} 1 & w_i \in \{HighFreq(t),\ HighKey(t)\}, \\ 0 & \text{それ以外} \end{cases}$$

この行列に対して，主成分分析により N_{pc} 個の合成変数（主成分）にまとめる[4]．
各月の N_{pc} 個の主成分スコアを対象期間について時系列順に並べることによっ
て，N_{pc} 次元の時系列データ $x_i(t)$，$i = \{1, \cdots, N_{pc}\}$ が作成される．これが分析対
象期間のテキストデータの特徴の時間的変化を表していると考える．ここで注
意してほしいのは，ここまで予測対象の時系列データは全く用いず，純粋に単
語の出現パタンのみの分析を行っていることである．つまり，ここまでの分析
は予測対象に依存せずに共通である．

5.1.3 重回帰分析による市場データの動向分析（R）

最後に，各主成分スコアの毎月の動き $x_i(t)$ から月次での市場価格の動きを
解析する．具体的には，さきほどの主成分スコアの時系列データ $x_i(t)$ を説明
変数として，各月の月末の価格データ $p(t)$ を目的変数とする重回帰分析を行
う．

$$\tilde{p}(t) = a_0 + \sum_{i=1}^{N_{pc}} a_i x_i(t)$$

回帰分析の際に，AIC 基準 [43] を用いたステップワイズ選択により，説明変
数の絞り込みを行った．得られた回帰式に，月央に発表された最新のテキスト
データを入力すれば，半月後の月末の市場価格を推定（外挿予測）できる．

5.2 運用テストによる他手法との比較

提案手法の有効性を確かめるために，日本国債市場での運用テストを行い，
既存手法と運用損益の比較を行った．

---

4 本研究では 1998 年 1 月から 2007 年 12 月までのテキストデータを用いた主成分分析で，累積
寄与率が 60% を超えた主成分数が 30 であったので，$N_{pc} = 30$ とした．

5.2.1 運用テストの手法

今回の運用テストでは売買は月次とし，毎月の金融経済月報が発表された時点で取引ルールに従って買いまたは売りのポジションを持つ取引と，月末にポジションを解消してスクウェアに戻して損益を確定する取引を行う．取引量は毎月決まった資本量に固定し，売買量の調整は行わない．また，取引手数料は考慮しなかった．

まず，直近のデータまでを訓練データとして 5.1 節の手続きで回帰式を推定し，当月の新しい金融経済月報のテキスト情報を入力して，月末の**債券**価格を予想する．当月 t に関して，$\tilde{p}(t)$ をテキストマイニングで推定した月末価格，$p'(t)$ を金融経済月報が公開された時点の価格とし，$p(t)$ を実際の月末の価格とする．次に，前月からの予想価格の変動幅 $\tilde{\Delta}(t) = \tilde{p}(t) - \tilde{p}(t-1)$ と，月報発表時に実現している変動幅 $\Delta'(t) = p'(t) - p(t-1)$ を比較し取引を決定する．

$$\begin{cases} 1 \text{ 単位の資本を買う，} & \tilde{\Delta}(t) > \Delta'(t) \text{ の場合，} \\ 1 \text{ 単位の資本を売る，} & \tilde{\Delta}(t) < \Delta'(t) \text{ の場合} \end{cases}$$

月末に月報発表時の取引と反対の売買を行い，損益を確定する．今月の損益 $PL(t)$ は，月報発表後の変動幅 $\Delta(t) = p(t) - p'(t)$ と，予測価格の変動幅と月報発表時点の変動幅の差 $\tilde{\Delta}(t) - \Delta'(t)$ の符号を比較し，月報発表後の価格変動の大きさ $|\Delta(t)|$ に比例した大きさに確定する．

$$PL(t) = \begin{cases} |\Delta(t)| & \Delta(t)(\tilde{\Delta}(t) - \Delta'(t)) > 0 \text{ の場合，} \\ -|\Delta(t)| & \Delta(t)(\tilde{\Delta}(t) - \Delta'(t)) < 0 \text{ の場合} \end{cases} \tag{5.1}$$

これらの手順を，毎月のデータを追加して回帰式を更新しながら，テスト期間の終わりまで逐次的に行う．

5.2.2 比較対象の他手法

同じ期間の運用テストを行い，以下の 4 つの既存手法と運用結果を比較した．

(1) 単語頻度を用いたサポートベクター回帰（TF-SVR） 提案手法と同じ金融経済月報について，名詞・動詞・形容詞の基本形の毎月の頻度を計算

し，サポートベクター回帰（SVR）の入力とした．SVM^{light5}を用いて線形カーネルで回帰し，毎月末の価格を予想し，5.2.1 節と同様にして取引を行う．

(2) 共起頻度を用いたサポートベクター回帰（Co-SVR） 提案手法の主要単語の抽出まで行い，主成分分析による単語のグループ化を行わずに，SVR の入力とした．後は，TF-SVR と同様にして取引を行う．

(3) 数値指標を用いた計量経済モデル（BOJ） 日本銀行が提唱した日本国債利回りを 6 つの経済指標^{6}を用いて回帰分析したモデル [44] を月次に拡張した式 [37]．前月までの数値指標を用いて回帰し，他と同様のルールで取引を行う．

(4) 時系列外挿モデル（EXT） 過去の価格チャートから線形的な外挿を行う順張りモデル．前月末から月報発表時まで価格が上昇していたら買いポジションを有する．下降していたら売りポジションになる．

5.2.3 運用テスト結果

運用テストの期間は 2008 年 1 月から 2010 年 5 月までであり，各月の取引を決定するために 1998 年 1 月から前月までのテキスト情報・価格・数値指標を訓練データとして用いた．テストを行った市場は，日本国債の 2 年物，5 年物，10 年物である．式 5.1 の損益をテスト期間全体で平均し年率に計算した結果を表 5.1 に示す．全体的には，金融経済月報を用いた手法（CPR，TF-SVR，Co-SVR）は，数値指標（BOJ）や線形外挿（EXT）よりも高い利益を出せた．このことから，テキスト情報が長期市場分析に有用な情報を含んでいたことがわかる．詳細に見ると，提案手法（CPR）はどの市場でも安定して，ほぼ最高水準の運用益をあげることができた．他の既存のテキストマイニング手法（TF-SVR，Co-SVR）は少し不安定であり，市場によってはテキストマイニング以外の手法を下回る運用成績を示した．つまり，本手法により，安定した外挿予測に有効な，集約された特徴量を抽出できたことがわかる．

---

5 http://svmlight.joachims.org/

6 消費者物価指数 3 年前比率，鉱工業生産 3 カ月前比率，無担保コールオーバーナイト，米国実質金利，ドル円 3 カ月前比率，CD・TB（3 カ月物）レート格差．

表 5.1　運用テストでの平均損益(年率).
単位はベーシスポイント(0.01%). 太字は各市場での最大利益.

	CPR	TF-SVR	Co-SVR	BOJ	EXT
日本国債 2 年	**59.60**	40.85	36.49	50.24	41.70
日本国債 5 年	**223.18**	88.56	215.37	−39.90	143.70
日本国債 10 年	243.02	**248.14**	233.70	31.79	−47.84

5.3　市場予測の詳細検証

なぜ提案手法が既存手法よりも良い運用成績を示すことができたのか，変動の予測精度と抽出された単語グループの中身の 2 点から検証する.

5.3.1　変動の予測精度

今回の運用テストでは取引量の調整は行わなかったので，重要なのは，売買の方向性を決める将来の価格変動の方向性を正確に推定することである. テスト期間の 2 年 5 カ月間のうち，各手法で推定した変動の方向(上昇／下降)が合っていた月の割合を見ると，意外にも CPR 法は特に予測精度が高いわけではなかった(表 5.2).

ところが，月報発表後の価格変動の大きさ $|\Delta(t)|$ が上位 25% 内の月(テスト期間 29 カ月中 7 カ月)に限定すると，CPR 法の正答率が飛躍的に高くなっていた(表 5.3). このような時期は，金融経済月報に込められた日本銀行の態度変化や市場へのメッセージに対して，国債市場が大きく反応した月だと考えられる. つまり提案手法は，テキスト情報から市場動向の予兆を比較的うまく抽出することができたのである. そして，価格変動が大きかった月の取引では損益 $PL(t)$ も大きくなるので，変動期の予測精度が高ければテスト期間全体での運用益も大きくなる.

5.3.2　抽出された単語グループの内容分析

実際に，本手法で抽出された単語グループが経済分析的に意味ある分類になっているのかを調べた. 1998 年 1 月から 2007 年 12 月までのテキストから抽出された主成分と各主成分で負荷量の絶対値が上位のキーワードを表 5.4 に示す. この時期の名詞・動詞・形容詞の基本形は全部で 2927 個であり，そこ

表 5.2 テスト期間全体での価格変動の正答率(%).
太字は各市場での最高精度.

	CPR	TF-SVR	Co-SVR	BOJ	EXT
日本国債 2 年	55.17	**65.52**	58.62	62.07	55.17
日本国債 5 年	58.62	44.83	58.62	55.17	**62.07**
日本国債 10 年	55.17	**62.07**	58.62	55.17	44.83

表 5.3 高変動期間での価格変動の正答率(%).
太字は各市場での最高精度.

	CPR	TF-SVR	Co-SVR	BOJ	EXT
日本国債 2 年	**85.71**	71.43	71.43	71.43	57.14
日本国債 5 年	**85.71**	57.14	42.86	28.57	42.86
日本国債 10 年	71.43	71.43	**85.71**	42.86	57.14

から 5.1.1 節の手法で 273 個の主要単語が抽出された. さらに, 主成分分析で 30 個の主成分に集約された.

抽出された主成分に関連する単語を見て, 市場分析時によく使われる経済要因 [45] に分類した(表 5.5). 例えば第 1 主成分は, 「横這い」「圏内」「緩やか」といった動きを表す単語と関連するので, 「市場の地合い」要因に分類される. 第 3 主成分は, 「需要」「改善」「生産」といった単語の寄与が高いので, 「生産・在庫」要因に分類される. 各主成分は市場分析に使われる経済要因との対応関係が明確であり, 比較的経済的な意味のある主成分に集約されていたことがわかった.

5.4 英文経済レポートのテキストマイニング

前節までの日本銀行のテキスト分析だけでは, 外国為替市場を推定することは困難であった. 為替レートは 2 国間の経済の相対的な状況を反映するので, 日本銀行のレポートだけでは分析が困難であることは当然であった. そこで本節では, まず, **英文テキスト**を用いた場合でも, 従来の CPR 法による日本語テキスト分析での市場推定と同程度の精度が出るように, 新たに英文テキスト用の CPR 法を適用した事例を紹介する [35]. 開発した英文用 CPR 法による英国金利の分析と, 従来 CPR 法による日本国債の分析結果を用いて, 抽出した

表 5.4 1998 年 1 月から 2007 年 12 月までのテキストから抽出された主成分と，各主成分で負荷量の絶対値が上位のキーワード.

主成分 1	主成分 2	主成分 3	主成分 4	主成分 5	主成分 6	主成分 7	主成分 8
横這い	リスク	背景	設備	足許	量的	調整	歯止め
圏内	軟調	伴う	国内	上昇	停滞	雇用	掛かる
環境	国債	需要	低迷	実体	持続	関連	総合
資金	利回り	改善	輸出	年末	強い	厳しい	対策
伸び	格差	生産	歯止め	頭打ち	実施	銀行	中小
基調	根強い	鈍化	掛かる	先行き	歯止め	量的	見込む
緩やか	投資	軟調	総合	厳しい	掛かる	停滞	収益
民間	窺う	国債	対策	間	総合	持続	ベース
金融	横這い	利回り	ベース	軟化	対策	強い	指標

主成分 9	主成分 10	主成分 11	主成分 12	主成分 13	主成分 14	主成分 15	主成分 16
マクロ	システム	年末	同時	作用	雇用	もと	不透明
ギャップ	銀行	頭打ち	テロ	進行	縮小	効果	生産
超過	不安	受ける	事件	昨秋	受ける	同時	金利
市況	済	間	社債	公共	イラク	テロ	調達
国際	傾向	軟調	機械	ベース	情勢	事件	イラク
プラス	個人	国債	米国	不安	必要	結果	情勢
商品	幅	利回り	システム	済	不透明	支出	低調
均す	大幅	格差	財	結果	賃金	アジア	銀行
考える	伴う	根強い	発行	季節	アジア	財	長期

主成分 17	主成分 18	主成分 19	主成分 20	主成分 21	主成分 22	主成分 23	主成分 24
減少	アジア	着実	乏しい	賃金	製品	調査	一部
反動	米	高め	流通	消費	年末	本年	受ける
金利	前年	反動	需給	一部	頭打ち	不透明	圧力
わが国	効果	昨年	減少	発行	状況	乏しい	既往
弱まる	伴う	マクロ	自動車	不透明	必要	流通	弱い
相場	年末	ギャップ	明確	需要	減少	減少	緩和
部品	頭打ち	超過	維持	既往	その後	イラク	需給
たどる	その後	雇用	弱い	サービス	マクロ	情勢	不透明
強まる	不安	調査	好影響	持ち直し	ギャップ	高水準	最終

主成分 25	主成分 26	主成分 27	主成分 28	主成分 29	主成分 30
後退	米価	押し上げ	米価	ドル	住宅
調査	一時	働く	一時	相場	米価
本年	調査	個人	発行	方向	一時
意識	本年	需要	強まる	イラク	既往
発行	圧力	着実	意識	情勢	一部
米	高水準	輸出	後退	基調	為替
サービス	最終	収益	当面	米	伸び
緩和	作用	要因	電気	発行	後退
既往	進行	相場	アジア	テンポ	変化

表 5.5　主成分と経済要因との関係性.

経済要因	主成分
1. 景気	
a. 景況	25
b. 設備投資	4
c. 貿易収支	9, 17, 27, 28
d. 企業活動	8, 20, 22, 23
e. 生産・在庫	3, 16, 20, 22
f. 雇用	7, 14, 19, 21
g. 住宅	30
h. 個人消費	10, 27
2. 物価	26, 28, 30
3. 金融政策	1, 2, 6, 10, 17
4. 政情	12, 14, 15, 16, 18, 23, 24, 29
5. 市場トレンド	1, 2, 5, 11, 13, 19

特徴量の比較による定性的な評価と，予測金利差による外国為替市場分析という定量的な評価を行った．

5.4.1　入力となる英文テキストデータ

　従来の金融テキストマイニング研究では，ニュース記事 [33, 34] や掲示板への投稿 [35, 36] などの形式が多様なテキスト情報を使用したため，異なる時点間のテキストを比較して長期的な時間変化を抽出することが困難であった．それに対して，和泉らの日本語テキストデータによる日本国債市場分析の研究 [40] では，ある程度の一貫性を保ちながら定期的に発行されるテキスト情報を用いて，時間的な出現パタンからテキストの特徴量の抽出を行った．そのために，日本銀行が毎月公表している金融経済月報を用いている．

　以下で紹介する研究 [1] では，英文テキストデータとして，英国の中央銀行であるイングランド銀行の金融政策委員会が発行している議事録7を用いている．金融政策委員会は，毎月上旬に 2 日連続で開催され，政策金利変更は，2 日目の正午に発表され，市場の注目を集める．議事録はその 2 週間後に，10

7　https://www.bankofengland.co.uk/monetary-policy-summary-and-minutes/monetary-policy-summary-and-minutes で公開されている．

ページ前後の分量で公表される．分析対象として，イングランド銀行の金融政策委員会の議事録を選んだ理由は，月次のレポートであり，文章の段落構造がある程度決まっており，時系列分析を行いやすいからである．また，イングランド銀行の金融政策委員会の議事録は，金融関係者が常に注目しており，市場への影響力が大きいと考えられる．これらの点により，このテキストを適切な手法で分析すれば，日本語テキストと同様に，長期的な市場分析に有効であると考えた．

5.4.2　動向分析を行う英国の金融市場

　和泉ら [1] の研究では，テキストマイニングによって分析する時系列データとして，英国の**スワップ金利**レートを対象に選んでいる．ここで分析するスワップ金利とは，銀行から固定金利で資金を借り入れている債務者が変動金利での借入に変更する場合や，逆に変動金利での借入から固定金利での借入に変更した場合に適用される金利のことである．このスワップ金利は国債利回りと同様，その国の広範な経済動向を反映して決定される．将来の経済状況の動向を予測して，今後数年間の変動金利のリスクが低いと見積もる債務者が多ければ，固定金利から変動金利に変更するケースが増加する．逆に，将来の変動金利のリスクが高いと見積もられれば，変動金利から固定金利に変更する債務者が増える．これらの経済動向の見積もりを反映した需給の変化に応じて，市場での取引によりスワップ金利のレートが変動する．ここでは，金利の期間の長さに応じて，英国スワップ金利の 1 年物，2 年物，5 年物，10 年物の 4 つの金融市場について動向分析を行った．

5.4.3　英文テキストデータのための CPR 法の拡張

　共起関係に基づく主要単語の抽出において，日本語の場合と異なる手法を用いた．最初に，各月 t のテキストデータ $D(t)$ の特徴を表す主要単語を抽出する．具体的にはまず，英語の品詞タグを付与するソフトである GoTagger[8] により単語を原形にし，名詞・動詞・形容詞等の品詞を記した．そして，出現頻度

8　2020 年 11 月現在，GoTagger はダウンロードできないので，代わりに TreeTagger
（http://www.cis.uni-muenchen.de/~schmid/tools/TreeTagger/）や NLTK（http://www.
nltk.org/）の使用を勧める．

順に単語を抽出した．英文テキストには日本語にはない特徴が見られる．例えば，日本語で1語の単語でも英語では2語以上の**連語**となることや，同じ意味でも英語は多様性に富んだ表現（言い換え）をよく使うことが挙げられる．そこで，英文テキストマイニングのために，日本語のテキストマイニングによる長期的な市場分析手法に対して「連語抽出」と「単独出現単語の削除」という新たな2つの拡張を施した．

拡張1：連語抽出

　英文テキストでは，複数の単語からなる意味的につながった用語（フレーズ）が多く見られた．例えば，日本語テキストにおいて，「国債」は1つの「国債」という単語として処理され抽出される．ところが，英文テキストでは「国債」は「japanese bond」という2つの単語からなる複合名詞であるため，「japan」と「bond」というように別々の語として処理され抽出される．この問題を解決するために，共起関係に基づく重要単語の抽出において，連語の抽出機能を加えた．名詞+名詞や，形容詞+名詞などの順番で出てきた単語を，1つのつながった語として変換し抽出した．この機能を加えることで，2語に分けられていた単語を1つの語として捉えることができ，より正確な単語抽出が可能となる．

拡張2：単独出現単語の削除

　英文テキストでは同じ内容を表すときに，1つの単語だけでなく，同義語による言い換えをよく行う．そのため，日本語テキストよりも単語の多様性が増えて，ある特定の箇所でしか使われない単語が出現しやすくなる．英文テキストをCPR法で分析する時に各主成分への負荷量を見ると，特定の主成分は訓練期間中に一度しか出現しない単語群の寄与が大きかった．つまり，このような主成分は，ある複数の期間に共通する経済状況を表すのではなく，訓練期間中の特定の期間だけを指定するような説明変数になってしまう．変動の大きい時系列データを回帰分析するときに，訓練期間中の長期のトレンドを説明しようとするよりも，特定の期間だけを指定するような説明変数が，回帰式に選択されてしまう．しかし，このような説明変数は外挿予測にはまるで説明力をもたない．

この問題を解決するために，主成分分析による単語のグループ化において，主成分分析を施す前に，訓練期間中に一度しか出現していない単語を削除した．これは，主成分分析時に1カ月のみに出現した重要単語がその月の特徴を表しすぎてしまい，回帰分析の外挿予測に利用しにくいと考えたためである．

　連語抽出と単独出現単語の削除を追加したCPR法を用いて，英国のスワップ金利の1年物，2年物，5年物，10年物について，23〜25個の説明変数による回帰式を得ることができた．スワップ金利の1年物に対する説明変数の値（主成分スコア）の頻度分布を作成し，次の式で表される尖度を計算した．

$$尖度 = \frac{E[(X-\mu)^4]}{\{E[(X-\mu)^2]\}^2} - 3$$

ただし，Xは主成分スコアの値でμはXの平均$E[X]$である．その結果，連語抽出だけを追加したCPR法の場合は，尖度が8.32であり，正規分布の場合の理論値であるゼロよりも有意に大きかった．つまり，説明変数の値がゼロ付近の頻度が大きく尖って，正または負にゼロから乖離した裾の部分の頻度も大きかった．これに対して，連語抽出に加えて単独出現単語の削除を行った場合は，尖度が1.41まで減少し，特定の期間だけでなく，より多くの期間で値を変化させる説明変数が抽出されていた．

　この後のKeyGraphアルゴリズム[42]に基づいた特徴語の抽出，主成分分析や重回帰分析は，日本語テキストの場合と同じである．連語抽出と単独出現単語の削除を追加したCPR法を用いて，1998年1月から2007年12月までの10年間のデータを分析した結果，決定係数R^2=73.45%（スワップ金利1年物），75.15%（スワップ金利2年物），75.67%（スワップ金利5年物），74.66%（スワップ金利10年物）となり，訓練期間について十分な説明力を持つことがわかった．

5.4.4　中央銀行のテキストから抽出された主成分

　CPR法では，主成分分析による単語のグループ化の段階で，主要単語をグループ化し特徴量の次元圧縮を行う．1998年1月から2007年12月までの10年間のイングランド銀行の金融政策委員会の議事録のテキストデータから抽出

した 30 個の主成分を，表 5.6，表 5.7 に示す．各主成分で負荷量の絶対値が大きかった上位 10 個ずつの主要単語の内容を見て，各主成分が特にどのような経済要因に関連が強いか分類した（表 5.8）．各主成分は市場分析に使われる経済要因との対応関係が明確であり，比較的経済的な意味のある主成分に集約されていたことがわかった．同様に，同じ期間の日本銀行の金融経済月報から 30 個の主成分を抽出した結果の表 5.4 と比較する．

5.4.5 共通点：トレンドとファンダメンタルズ

表 5.6，表 5.7 の抽出された主成分には，大きく分けて 2 つのタイプがあった．1 つは，市場の動きを表すような単語に関連する主成分である．例えば，3 番目の主成分は，「weaken」「increase」「high」「rise」といった単語の寄与が高かった．もう 1 つのタイプは，経済のファンダメンタルズを表すような単語に関連する主成分である．例えば，2 番目の主成分は，「inflation」「housing market」といった経済の実態に関する単語から構成されていた．他にも，9 番目の主成分は，「uncertainty」「iraq」「war」といった国際情勢に関する単語の寄与が高かった．日本銀行の金融経済月報から抽出された 30 個の主成分も同様に，市場トレンド要因に関連が深いか，ファンダメンタルズ要因に関連が深いかのどちらかに，比較的容易に分類することができた．

5.4.6 相違点：物価要因への着目

主成分の関連する経済要因は，イングランド銀行と日本銀行どちらのテキストでもほぼ共通であった．しかし，各要因に分類された主成分の分布を比較すると，いくつかの違いが見られた．特に，物価要因に関する主成分の割合が，日英で大きく異なっていた．イングランド銀行の議事録では，物価要因に関連が深いと思われる主成分が一番多かった．それに対して，日本銀行の金融経済月報から抽出された主成分は，政情要因に関連するものが 30 個中 8 個（重複含む）で最多であった．金融実務者に本結果を示したところ，物価上昇率に対して中央銀行が一定の目標を定めるインフレターゲット制度を英国が導入していることが，原因の可能性があるとの示唆を受けた．このため，英国の経済状況の認識が，物価に対して比較的敏感になったと考えられる．事実，イングランド銀行のテキスト分析では，30 個中 11 個もの主成分で，「inflation」等の

表5.6 1998年1月から2007年12月までのテキストから抽出された主成分(上位1-18番目)と,各主成分で負荷量の絶対値が上位10個のキーワード.

主成分1	主成分2	主成分3
bank rate	euro area	assume
credit	little	generate
exclude	assume	policy
unchanged	minute	weaken
hold	reduce	increase
rate	central projection	bank
financial market	united kingdom	view
euro	inflation	export
minute	housing market	high
revise	view	rise

主成分4	主成分5	主成分6
volatility	inflation report	global
business investment	large	temporary
output	expect	inflation report
warrant	governor	historical average
less	rise	light
market interest rate	development	positive
global	prove	oil price
temporary	remain	example
mark	peak	expect
picture	global	recover

主成分7	主成分8	主成分9
set	increase	uncertainty
growth rate	deteriorate	need
depreciation	margin	iraq
contrast	condition	economy
government	sub	war
indicator	subdue	financial
flat	inflation expectation	contribution
rise	supply	underlie
previous quarter	lead	risk
expect	cut	previous quarter

物価に関連する単語が負荷量の上位に含まれていた.これに対して,日本銀行のテキストでは3個の主成分にしか,物価関係の単語が含まれていなかった.このように CPR 法および拡張 CPR 法で抽出された主成分の内容を比較して,

主成分 10	主成分 11	主成分 12
household spend	consider	reduce
near term	mark	confidence
shift	help	judge
first	flat	contrast
clear	set	maintain
determinant	boost	oil
maintain	underlie	particular
go	consumer spend	firm
consumption	weakness	bank's repo rate
bank's	business	november inflation report

主成分 13	主成分 14	主成分 15
turn	february inflation report	asian crisis
household	go	asia
cost	central projection	balance
household spend	line	demand growth
movement	account	export
inflationary pressure	recovery	country
bank's repo rate	business survey	help
domestic	agent	influence
risk	regional	sterling's
little news	ons	prospect

主成分 16	主成分 17	主成分 18
interest rate	united kingdom	point
response	recent	employment growth
improve	recent year	imbalance
spend	background	slowdown
few	high	recent rise
maturities	global	spend
euro area	temporary	less
august inflation report	spread	continue
house price inflation	slack	revise
run	second half	difficult

各中央銀行の着目点の違いを明らかにすることができた.

5.4.7　2国間テキスト比較による外国為替市場の分析

　前節の定性的な評価に加えて，英文テキスト向けの CPR 法の定量的な評価のために，日本語テキスト向けの CPR 法の分析結果と合わせて比較すること

表 5.7 1998 年 1 月から 2007 年 12 月までのテキストから抽出された主成分（上位 19-30 番目）と，各主成分で負荷量の絶対値が上位 10 個のキーワード.

主成分 19	主成分 20	主成分 21
market participant	degree	little news
war	embody	downside risk
iraq	flat	hold
august report	higher oil price	economic activity
market expectation	uncertainty	downside
short run	central	growth
fragile	survey	influence
sub	purchase	corporate sector
lend	business survey	weakness
extent	short run	slowdown
主成分 22	主成分 23	主成分 24
link	policy	net trade
place	view	consumption growth
short run	strengthen	may inflation report
good	other member	asian crisis
peak	best	asia
ons	account	weaken
need	generate	discuss
raise	tighten	policy
effect	publish	link
slow	require	change
主成分 25	主成分 26	主成分 27
real	attach	annual rate
push	stock	edge
positive	factor	decline
explanation	household	projection
large	offset	house price inflation
robust	example	concern
normal	moderate	difficult
export	budget	productivity growth
indicator	help	next year
business investment	possible	trend

によって，**外国為替市場**の分析を試みる．

　長期金利は各国の広範な経済動向を反映して決定される．そのため，各国の金利動向がテキストマイニングで適切に推定されていれば，その比較によって

主成分 28	主成分 29	主成分 30
member	tend	repo rate
good	recent	risk premia
corporate sector	offset	national account
extent	previous release	business survey
productivity growth	economic	possibility
explanation	house price	explanation
short run	may inflation report projection	little news
little news	inflationary pressure	cost
elevate	explain	pickup
sub	total	basis point

表 5.8 主成分と経済要因との関係性.

経済要因	主成分
1. 景気	
a. 景況	7, 14, 30
b. 設備投資	4, 25
c. 貿易収支	15, 17, 25
d. 企業活動	4, 28
e. 生産・在庫	23, 28
f. 雇用	18, 27
g. 住宅	2, 27, 29
h. 個人消費	10, 13, 24
2. 物価	2, 5, 6, 12, 20, 29
3. 金融政策	1, 2, 12, 16
4. 政情	9, 19, 24
5. 市場トレンド	3, 7, 8, 11, 22

外国為替レートも推定できる. 実際の外国為替市場と金利(差)は相関性が高いといわれている [46]. そこで, 英文テキストマイニングで外挿予測をした英国金利と日本語テキストマイニングで外挿予測した日本の金利の差と, 各月末のポンド円の為替レートの終値との相関係数を, 各国金利の1年物, 2年物, 5年物, 10年物のそれぞれについて計算した.

結果を図 5.3 に示す. テキストマイニングで推定した金利差と為替レートの間には有意水準 5% 以上の高い相関関係が認められた. 各金利間の相関係数の違いを見ると, 2年物の金利の相関係数が最も高かった. これは, もともと

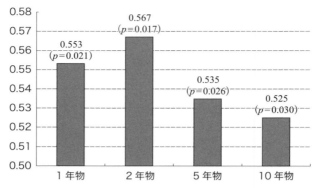

図5.3 テキストマイニングによって推定された金利差とポンド
円レートの相関係数．括弧内は相関係数の p 値．外挿予
測期間は 2008 年 1 月から 2009 年 5 月の 17 カ月間．

現実の外国為替レートも 2 年物の金利差との相関が高いという事実 [46] を反
映していることが原因である．これらの結果により，英文テキスト用の CPR
法の有効性が明らかになった．

　金融経済月報の担当者は，表現の一貫性を保つことに細心の注意を払ってい
る．ある経済状況を表現するのに，過去の似た状況時の月報を参考にして言葉
を選ぶことがよくあったそうだ．本章の手法は，そのような形式の安定した専
門的なテキスト情報から，特定の状況を表現するのによく使われる単語をグル
ープ化して抽出することに成功した．それにより，金融テキストマイニングの
先行研究でよく使われる，単語頻度をそのままサポートベクター回帰に入力す
る手法よりも高精度に，長期市場予測を行うことができた．ただし，表 5.4 を
見てわかるように，現状では主に名詞と動詞から構成される単語グループしか
抽出できていない．「激しい上昇」や「弱いドル」のような修飾語による表現
の調整まで取り扱えていない．経済分析ではこのような表現の調整は意味が大
きい場合があるので，機械学習などのより複雑な手法で分析する必要がある．

　また，英文テキストデータを用いた分析にも適応できるように，日本語のテ
キストデータを用いた長期的な市場分析に 2 つの拡張を加えた．本手法によ
り，英国スワップ金利の分析を行い，運用テストを行った結果，英文テキスト
に対して高いリターンを得ることができた．また，訓練データの決定係数は
75 % 前後と高く，訓練データについても十分な説明力を持つことがわかった．

さらに，日本と英国の中央銀行のレポートを比較することによって，従来の単独のテキストマイニングだけでは困難であった，外国為替レートの動向分析を行うことができた．

第6章　言語処理手法を用いたテキスト分析

　本章では，言語処理手法を用いた，金融テキストからの因果関係抽出について述べる．因果関係抽出手法は，2つの手法から構成される．1つ目は，因果関係が文に含まれているか否かを判定する手法である．2つ目は，因果関係が含まれている文から，原因表現と結果表現を抽出する手法である．上記2つの手法を使って，金融テキストから因果関係を抜き出す方法について紹介する．

6.1　金融分野での因果情報の重要性

　近年，膨大な金融情報を分析して投資判断の支援をする技術が注目されている．投資家にとっては，企業の業績に関する情報だけでなく，その業績要因も重要である．なぜなら，業績拡大の要因が，その企業の主力事業が好調であることであったならば株価への影響は大きいが，株式売却益の計上などの特別利益の計上が要因であるならば，株価への影響は軽微であるからである．しかしながら，人手によって全ての企業の業績要因を取得するのには多大な労力を要する．そのため，業績要因に加えて，原因と結果の対として因果関係を経済新聞から抽出することで，投資家に対して多くの重要な情報を提供できるようになる．例えば，原因「猛暑」，結果「冷房需要の盛り上がり」などの**因果関係**を提示することで，「猛暑」の場合には，「冷房需要」が高まる可能性があるということを個人投資家が知ることができるというメリットがある．過去の業績発表記事から因果関係を大量に入手しておくことにより，上記のような対応が可能となる．業績発表記事とは，経済新聞における，企業の業績発表に関する記述が存在する記事 [47] である．そこで，本章では，業績発表記事から因果関係を抽出する手法の紹介を行う．

ここでは，因果関係を抽出するうえで重要な手がかりとなる表現（**手がかり表現**と定義する）を利用して，業績発表記事から因果関係を自動的に抽出する手法を紹介する．文献 [48] に準拠し，因果関係は，出来事（結果）とその理由（原因）の組から構成されるとするが，ここでは，1 文中，または，隣り合う 2 文中に直接表現されている表層的なものに限定する．例えば，「サブプライムローンの危機により、世界不況が起こった。」という文の場合，「世界不況が起こった」は結果表現，「サブプライムローンの危機」は原因表現，「により」は手がかり表現となる．これらの結果と原因は，手がかり表現「により」によって明確に示されている．また，手がかり表現には，因果関係以外の意味を持つものがある．例えば，「あなたのために、花を買った。」という文中の「ため」は，原因・結果ではなく，目的の意味を表している．このような場合に対応するために，半教師あり学習を用いた因果関係判定手法を適用した．手がかり表現を含む文に対して因果関係判定手法を適用し，因果関係が含まれると判定された文から因果関係を表す表現を抽出する手法の紹介をする．

6.2　手がかり表現

ここでは，手がかり表現を用いて因果関係を抽出する．例えば，「日本市場では消費者などの抵抗感から、遺伝子非組み換え品に限定していない一般大豆のニーズが減退している。」という文では，「から、」が手がかり表現となっている．

しかしながら，手がかり表現は因果関係ではない意味を表す場合がある．例えば，「同社は全国の延べ約十六万人の会員から、約九十六億円を集めており、法規制後のねずみ講としては過去最大規模という。」という文では，「から、」は出所を示す意味であり，因果関係は表していない．日本語において，手がかり表現を用いて因果関係を獲得する際には，この問題を伴う場合がある．そこで，文中の手がかり表現が因果関係を示しているか否かを判別する必要がある．本節で後述するように，ここでは対象とする因果関係を，同一文内に原因と結果が含まれている場合に限定するので，文中の手がかり表現が因果関係を示しているか否かを判別するということは，その文が因果関係を含むか否かを判定することと同じである．そのため，手がかり表現が因果関係を示すか否か

に着目した.

　因果関係の中には手がかり表現を伴わないものもある．例えば,「高松市で
も午後七時十五分ごろ送電線に落雷があり、市内の約九万八千世帯で一、二分
停電した。」という文は,手がかり表現を伴わないが因果関係が存在する．事
前調査として 1995 年から 2005 年の日経新聞記事から 100 記事をランダムに
抽出し,その中に含まれる手がかり表現によって示されている因果関係と,手
がかり表現を伴わない因果関係の数を調べた．その結果,手がかり表現によっ
て示されている因果関係の数が 56,手がかり表現を伴わない因果関係の数が
22 であった．そのため,因果関係を数多く取得できる,手がかり表現によっ
て示されている因果関係を扱う．また,2 文にまたがって存在する因果関係も
あるが,数が少ない [49] ため,同一文内に原因と結果が含まれている場合に
対象を限定した.

6.3　因果関係の判定

　先述のように,手がかり表現が因果関係以外の意味を持つ場合があり,それ
を取り除くために因果関係判定手法を用いる．因果関係判定手法は,文に因果
関係が含まれているか否かを判定する手法である．ルールを用いてフィルタリ
ングすると,因果関係を含むか否かを判定する際に用いる特徴(素性)の数が多
く,ルールを作成するにも,必要となるルールの数が多すぎるという問題があ
る．そのため,機械学習手法(SVM)を用いた.

　また,ここで扱う因果関係は,原因もしくは理由と結果を示し,手がかり
表現を伴って出現するものに限定する [48]．例えば,「この食べ物は腐ってい
たため、食べなかった。」という文の場合,表現「食べなかった」は「帰結」,
「結果」のどちらにも判断できる．表現「この食べ物は腐っていた」は「理
由」,「原因」のどちらにも判断でき,区別することが難しい．文書中には,こ
のような文が多数存在するため,原因と理由を区別しなかった.

　因果関係が存在する文と,存在しない文の例を表 6.1 に示す．例中の太文字
は手がかり表現である.

　フィルタリング手法で用いる素性として,構文的な素性と意味的な素性を採
用した．我々は,因果関係を含むか否かの判定のため,構文的な素性,意味的

表 6.1 因果関係を含む文と，含まない文の例．

因果関係を含む文
- こうした経済指標やユーロ現金導入**に伴う**消費動向の微妙な変化**を背景に、**米同時テロ以降に広がった景気悲観論は急速に後退している。
- サリドマイドやスモン被害**を受け、**同省は一九八〇年に医薬品の副作用被害を救済する制度を創設した。

因果関係を含まない文
- 長野県信用組合（長野市、丸山彰一理事長）は五日**から、**法人向けにインターネットバンキングの取り扱いを始める。
- 大きさは幅が約三十二・八センチ、奥行き約三十・六センチ、高さ約四十八・一センチで、重さは約三・七キロ。

表 6.2 素性の一覧．

構文的な素性
- 助詞のペア

意味的な素性
- 拡張言語オントロジー

それ以外の素性
- 手がかり表現の直前形態素の品詞
- 文に含まれる手がかり表現
- 形態素ユニグラム
- 形態素バイグラム

な素性を用いる．素性の一覧を表 6.2 に示す．構文的な素性を用いることにより，日本語文において因果関係を表すためによく用いられる表現を利用するという狙いがある．例えば，「半導体の需要回復を受けて半導体メーカーが設備投資を増やしている。」という文に含まれる助詞と手がかり表現の並び「〜の〜を受けて〜を〜」は，因果関係を表している可能性が高い．そこで，構文解析を用いて，手がかり表現に関係のある助詞だけを素性として獲得する．また，意味的な素性として拡張言語オントロジー([50])を用いることにより，因果関係を示す語彙の関係を利用するという狙いがある．本節では，構文的な素性と拡張言語オントロジー素性の生成方法について述べる．それ以外の素性の抽出に関しては，文献 [51] を参照されたい．

6.3.1 構文的な素性（助詞のペア）

　構文的な素性である助詞のペアの取得には，坂本ら [52] の手法を適用する．文が因果関係を持っている場合にも，因果関係を含まない場合（並列関係など）にも，助詞に特徴が現れる．例えば，因果関係ではなく並列関係である場合「通信機器が同 20% 増と高い伸びで，コンピューターも好調だった。」では，助詞「が」と「も」を伴う文節の名詞句が並列であることを特徴付けている．しかしながら，特徴を表している助詞のみを獲得しなければ素性として役に立たない．そこで，構文情報を用いて助詞を獲得することで，手がかり表現に依存している助詞を素性として獲得する．手がかり表現が因果関係を表す意味を持っているという考えに基づいているため，上記のように手がかり表現に依存しているものが重要となってくる．

　また，素性抽出と追加学習データ抽出に用いる用語を以下に定義する．

- **核文節**：手がかり表現を含む最後尾の文節
- **基点文節**：核文節の係り先となる文節

　まず，核文節に係っている文節を探し，その文節に含まれている助詞を前部助詞として獲得する．次に，基点文節に係っている文節を探し，その文節に含まれている助詞を後部助詞として獲得する．そして，前部助詞と後部助詞の全ての組み合わせを助詞のペアとして抽出する．詳細な助詞のペア抽出は以下の手続き *Extraction of pairs of particles* に従う．

[*Extraction of pairs of particles*]

Step 1　文を文節ごとに区切る．

Step 2　文節を先頭から走査する．

Step 3　文節が核文節に係る場合
- その文節に含まれる助詞を前部助詞リストに追加する．

Step 4　文節が基点文節に係る場合
- その文節が核文節以前に位置する場合はスキップする．
- その文節に含まれる助詞を後部助詞リストに追加する．

Step 5　前部助詞が取得できなかった場合
- 手がかり表現より前に出現する表現のうち，核文節に一番近い助詞を前部助詞リストに追加する．
- 手がかり表現より前に出現する表現に助詞が存在しない場合は前部助

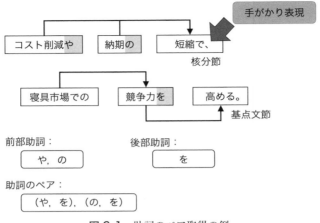

図 6.1 助詞のペア取得の例.

詞リストに null を追加する.

Step 6 後部助詞が取得できなかった場合
- 手がかり表現より後に出現する表現のうち,基点文節に一番近い助詞を後部助詞リストに追加する.
- 手がかり表現より後に出現する表現に助詞が存在しない場合は後部助詞リストに null を追加する.

Step 7 前部助詞と後部助詞の全ての組み合わせ(助詞のペア)を素性とする.

□

上記手続きによる処理の例を図 6.1 に示す.図 6.1 では,手がかり表現「で,」を含む文節「短縮で,」が核文節,核文節が係っている文節「高める。」が基点文節である.まず,核文節に係っている文節「コスト削減や」,「納期の」から前部助詞として,それぞれ「や」,「の」を獲得する.その後,基点文節に係っている文節「競争力を」から後部助詞として「を」を獲得する.そして,前部助詞と後部助詞の全組み合わせである(や,を)と(の,を)を素性助詞のペアとして獲得する.

6.3.2 意味的な素性(拡張言語オントロジー)

小林ら [50] が作成した言語オントロジー(シソーラス)を**拡張言語オントロジー**と定義し,これを用いる.小林らは,Wikipedia から抽出した語彙を既存

の言語オントロジーにマッチングすることで既存の言語オントロジーを拡張しているため，語彙数が多い．そのため，様々な種類の語彙を素性として網羅することができると考え，この拡張言語オントロジー中の語彙を素性として採用した．本実験では，日本語語彙大系 [53] から作成された拡張言語オントロジーを用いる．

　本手法では，拡張言語オントロジーの上から 6 階層目の意味カテゴリを素性として用いる．日本語語彙大系における同階層の意味カテゴリは，同程度の抽象度になっている．予備実験として，使用した拡張言語オントロジーが基づいている日本語語彙大系の 6 階層目すべての語に対し，それぞれ上の層，下の層の語と比較した結果，それぞれ約 92 % が適切であった．そこで，前部語彙，後部語彙ともに 6 階層目の語を採用した．例えば，「あんかけスパゲッティ」という語をオントロジーの上位に辿っていくと，6 階層目は「食料」という意味カテゴリであり，5 階層目は「人工物」である．ここで，5 階層目の「人工物」としてしまうと，その子である「建造物」のような下位にある語と「あんかけスパゲッティ」が同じ扱いになってしまう．さらに，6 階層目の意味カテゴリ数 256 に比べ，7 階層目の意味カテゴリ数は 536 と多く，本手法では意味カテゴリの組み合わせを素性に用いているため，7 階層目を用いると素性数が多くなってしまうという問題もある．

　まず，手続き *Extraction of pairs of particles* と同様に，核文節に係っている文節を探す．その文節に拡張言語オントロジーに含まれる語があれば，拡張言語オントロジーの上から 6 階層目の意味カテゴリを前部語彙として獲得する．次に，基点文節に係っている文節を探す．前部語彙と同様に，文節に拡張言語オントロジーに含まれる語があれば，上から 6 階層目の意味カテゴリを後部語彙として獲得する．前部語彙，後部語彙を，それぞれ獲得できなかった場合は，null とする．そして，前部語彙と後部語彙の各組み合わせを素性として抽出する．

　素性の抽出例を図 6.2 に示す．図 6.2 では，文「台風の影響で、天草五橋が通行止めになった。」が構文解析され，係り受け情報を持った文節に分割されている．核文節「影響で，」に係る文節「台風の」に含まれる語「台風」が拡張言語オントロジーに含まれているため，「台風」の上位にあたる意味カテゴリ「気象・天象」が前部語彙として獲得されている．基点文節「なった。」に

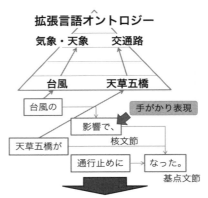

図 6.2　拡張言語オントロジー素性の取得例.

係る文節「天草五橋が」に含まれる語「天草五橋」が拡張言語オントロジーに含まれているため，「天草五橋」の上位にあたる意味カテゴリ「交通路」が後部語彙として獲得されている．その結果，素性として(気象・天象，交通路)が抽出されている．

6.3.3　タグなしデータからの追加学習データの獲得

　本手法では，タグなしデータから追加学習データを自動的に獲得することで，学習データを増やし，精度の向上を図る．学習データを作成するために文中に因果関係が存在するか否かを人手で判断するのは，時間やコストがかかるという問題がある．そこで，すでにタグがつけられた学習データを用いて，タグなしデータから追加学習データを自動的に獲得する．その概要を図6.3に示す．

　追加学習データを獲得するにあたり，手がかり表現が持つ意味に着目する．先述のように，ここでは手がかり表現を含む文を対象として，実験を行っている．そのため，本手法は手がかり表現が持つ意味が因果関係であるか否かの判定であるとも考えられる．また，手がかり表現には，因果関係以外の意味を持つ多義性のものもある．このことを利用すると，他の手がかり表現に置換した文がコーパス中に存在すれば，6.2節で述べたように2文以上に跨る因果関係が少ないことに注意すると，その文は因果関係を含む可能性が高い．例えば，

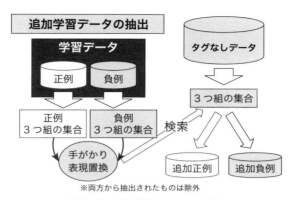

図 6.3 追加学習データの取得.

「円高により、日本経済が悪化した。」という文に含まれる手がかり表現を，「のため，」に置換した文「円高のため，日本経済が悪化した。」は因果関係を持つ．正例（因果関係あり）の追加学習データを獲得する際には，上記の特徴を利用する．

それに対して，因果関係を持たない文では，手がかり表現とその前後に因果関係でないことを示す特徴がある．例えば，「記者会見で，不快感を示した。」という文であれば，「記者会見」と「を示した。」が特徴となる．上記の特徴を持った他の文「記者会見で，歓迎する意向を示した。」は因果関係を持っていない．負例（因果関係なし）の追加学習データを獲得する際には，上記の特徴を利用する．

追加学習データを獲得する手続き *Extracting additional learning data* を以下に示す．

[*Extracting addtional learning data*]

Step 1　後述する *Acquiring ternary set* により，正例から 3 つ組集合 S，負例から 3 つ組集合 F，タグなしデータから 3 つ組集合 T を抽出する．

Step 2　S に含まれる 3 つ組と，その手がかり表現部分を他の手がかり表現に置換したものの集合を P とする．F に含まれる 3 つ組と，その手がかり表現部分を他の手がかり表現に置換したものの集合を N とする．

Step 3　$AP = P \cap T$，$AF = N \cap T$ とする．

Step 4　AP を正例の追加学習データとして獲得する．AF を負例の追加学習デ

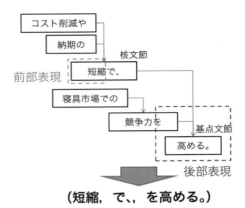

（短縮，で、，を高める。）

図 6.4　追加学習データを取得するための表現対の抽出例.

ータとして獲得する.　　　　　　　　　　　　　　　　　　　　　　□

　以下の手続き「*Acquiring ternary set*」により，追加学習データを獲得するために用いる表現対と手がかり表現の組を抽出する．抽出する組には，正例と負例を獲得するために必要な特徴が含まれている．

[*Acquiring ternary set*]

Step 1　手がかり表現を含む文を構文解析し，先頭の文節から走査する．

Step 2　手がかり表現の直前の形態素が動詞や助動詞である場合は，直前の形態素から遡り，格助詞までを前部表現として獲得する．そうでない場合は，直前の形態素を前部表現として獲得する．

Step 3　基点文節が動詞句や形容詞句である場合，基点文節の最後尾の形態素から遡り，格助詞までを後部表現として獲得する．基点文節が名詞句である場合は，基点文節の名詞部分を後部表現として獲得する．

Step 4　前部表現，後部表現と手がかり表現を 3 つ組として抽出する．　　□

　以上の手続きにより，3 つ組を抽出する．図 6.4 に表現対の抽出例を示す．この例では，前部表現として「短縮」，後部表現として「を高める。」が獲得され，結果として 3 つ組（短縮，で、，を高める。）が抽出されている．

6.4　因果関係の抽出

　本節では，因果関係を表す表現の抽出方法について述べる．ここで，原因・

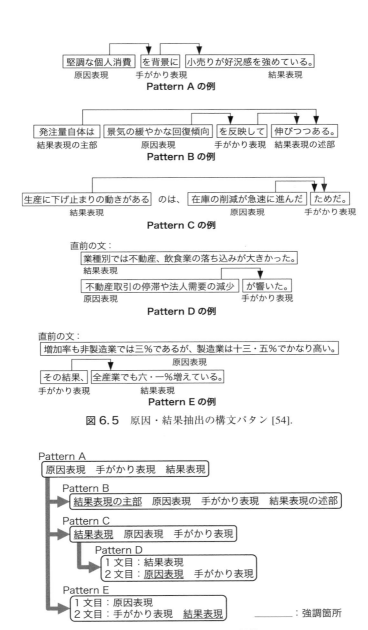

図 6.5 原因・結果抽出の構文パタン [54].

図 6.6 構文パタンの関係性.

結果を，それぞれ，原因表現と結果表現と定義する．経済新聞記事を調査することにより，手がかり表現と原因表現・結果表現の出現位置を5通りに分類した[2]．その5通りをPattern A〜Eとし，図6.5に示し，それぞれのパタンの関係性を図6.6に示す．本手法は，この5通りのパタンから因果関係を獲得するアルゴリズムを用いて，因果関係を抽出する．具体的な各パタンに対応する抽出アルゴリズムは，文献[49]を参考にされたい．図6.6において，我々はPattern Aは基本型であると考えた．Pattern Bは，基本型から結果表現の主部が強調のため文頭へ移動したものである．Pattern Cは，結果表現を強調するため基本型を倒置したものである．Pattern DとEは1文にすると長くなるので，原因と結果を2文に分割したものである．Pattern Aを分割したものがPattern Eであり，Pattern Cを分割したものがPattern Dとなっている．また，Pattern DとEでは，それぞれ，手がかり表現を含む文が強調されるようになっている．

この因果関係を表す表現の抽出プログラムは，github[1]にて公開しているため，興味のある読者はこちらを利用していただきたい．

6.5 因果関係抽出結果

本節では，前節で紹介した手法で，業績発表記事から因果関係を抽出する．機械学習の学習データには，1995年から2005年の日経新聞記事からランダムに抽出した手がかり表現を含む1000文を用いた．5人の評価者に人手で因果関係を含むか否かを示すタグを付与してもらい，3人以上が因果関係ありと判断したものを正例とし，そうでないものを負例とした．評価者は工学研究科に属し，自然言語処理の研究に従事する修士課程学生である．細かな条件は出さずに，以下の条件に従ってタグ付けを行ってもらった．

- 因果関係は，原因もしくは理由と，その結果で構成されるものに限定する．

その結果，学習データ1000文のうち379文が因果関係ありと判定された．評価データに関しては，投資歴20年以上の個人投資家に依頼し，業績発表記事

---

1 https://github.com/tetsuwaka/CausalExtraction

表 6.3　手がかり表現の一覧.

を背景に　を背景に、　を受け、　ため、　に伴う　を反映して　をきっかけに
により、　に支えられて　を反映し、　が響き、　ためで、　を受けて　から、
が響いた。　ため」　が影響した。　による。　を受けて、　に伴い　ため。
が響く　が響いている　が響いている。　で、　このため、　その結果、
この結果、　に伴い、　ためだ。　によって　により　ためで　このため

表 6.4　抽出した因果関係の例.

原因	主要納入先の自動車や半導体などが設備投資を削減した
結果	売上高、経常利益の予想を下方修正。
原因	日産自動車など国内メーカーが減産した
結果	純正カーステレオの売り上げが一割弱減少した。
原因	利益率の高い土木製品が一五％減った
結果	会社設立来初の経常、最終赤字。
原因	個人消費の低迷と冷夏で、子供服とベビー服の販売が不振で八％の減収になる
結果	キムラタンは十五日、九四年三月期の経常損益が五億円の赤字になる見通しだ、と発表した。

　集合からランダムに取得した業績発表記事 30 記事に対して，タグを付与した．その結果，51 の原因・結果表現対が存在した．こちらのデータを用いて評価実験を行う．

　形態素解析器としては MeCab を用い，構文解析器としては CaboCha [11] を用いた．学習器には SVM^{light2} を用いた．カーネルは線形を用いた．用いた手がかり表現を表 6.3 に示す．

　追加の学習データとしては，6.4 節の手法を用いて，1995 年から 2005 年の日経新聞記事から正例 556 件，負例 8197 件を抽出できた．データ数を揃えるため，実際に利用したのは，正例 556 件，負例 556 件の合計 1112 件である．

　本手法を業績発表記事に対して適用した結果，適合率 0.93，再現率 0.75，F値 0.83 という高い性能を示した．表 6.4 に，抽出した因果関係の例を示す．表 6.4 に示すような原因・結果表現を数多く集めることができれば，過去の因果関係から今起こった事象の未来予測が可能になるのではないかと考えている．

2　http://svmlight.joachims.org/

6.6 意外な因果関係の抽出

　ここまでで紹介した方法で，例えば，原因「猛暑」，結果「冷房需要増加」という対を抽出できるようになった．この因果関係を利用すれば，猛暑の場合に，冷房関連の銘柄に投資すると，儲かるかもしれない．このような関係はよく知られているが，もし，あまり知られておらず，かつ，企業にとって重要な因果関係を抽出できれば，さらなる投資のチャンスを得ることができる．例えば，原因「猛暑」，結果「飲料水を運ぶための段ボールの販売が好調」という因果関係については，猛暑で飲料水が売れるのは想像できるが，その飲料水を運ぶための段ボールの売上が上がることを想像するのは難しい．そこで，本節では，企業にとって重要で，かつ，意外な因果関係を抽出する手法を紹介する．

　まず，意外な因果関係を抽出するためのスコアリングについて紹介する．その後，そのスコアを用いた意外な因果関係の抽出を紹介する．

6.6.1 スコア計算

　本手法では，以下のアルゴリズムに基づいて，スコアを計算する．

Step 1 原因表現から名詞 n-gram を，結果表現から名詞 n-gram を獲得し（n-gram とは，連続する n 個の単語などのまとまりを表し，ここでは名詞 n-gram としていることから，連続する n 個の名詞のまとまりを表す），それぞれを原因 n-gram，結果 n-gram とする．

Step 2 全ての原因 n-gram と結果 n-gram の共起頻度を数える．

Step 3 原因 n-gram との共起に基づく結果 n-gram の条件確率を計算する．

6.6.2 意外な因果関係の抽出方法

　計算したスコアを用いて意外な原因・結果表現を抽出する方法について述べる．そのアルゴリズムを図6.7に示す．

　図6.7の因果情報リスト CI は，原因表現，結果表現，会社名の3つ組から構成される．ここで，会社名は，原因・結果表現が抽出された文書を発行した会社で，T はキーに3つ組を，値に重要スコアを持つ連想配列である．関数である CompanyKeywords (cp)，getCompanyKeywordScore (en)，getConditional-

Require: Keyword w and Causal Information List CI

$\quad CI_i = ($Cause Expression c_i, Effect Expression e_i, Company $cp_i)$

$\quad c_i$: includes cause N-grams $(cn_{i0}, cn_{i1}, ..., cn_{in})$

$\quad e_i$: includes effect N-grams $(en_{i0}, en_{i1}, ..., en_{im})$

Ensure: Rare Cause-Effect Expressions RC

1: $SC \leftarrow \emptyset$
2: $T \leftarrow \emptyset$
3: **for all** $(c, e, cp) \in CI$ **do**
4: $\quad S_s \leftarrow 0$
5: $\quad S_c \leftarrow 0$
6: $\quad S_e \leftarrow 0$
7: $\quad f_c \leftarrow 0$
8: $\quad f_e \leftarrow 0$
9: $\quad$ **for all** $cn \in c$ **do**
10: $\quad\quad$ **if** $cn \in$ CompanyKeywords(cp) **then**
11: $\quad\quad\quad S_c \leftarrow S_c + $getCompanyKeywordScore$(cn)$
12: $\quad\quad\quad f_c \leftarrow f_c + 1$
13: $\quad\quad$ **end if**
14: $\quad$ **end for**
15: $\quad$ **for all** $en \in e$ **do**
16: $\quad\quad S_s \leftarrow S_s + $getConditionalProbability(w, en)
17: $\quad\quad$ **if** $en \in$ CompanyKeywords(cp) **then**
18: $\quad\quad\quad S_e \leftarrow S_e + $getCompanyKeywordScore$(en)$
19: $\quad\quad\quad f_e \leftarrow f_e + 1$
20: $\quad\quad$ **end if**
21: $\quad$ **end for**
22: $\quad S_h \leftarrow 2\,(f_c S_c f_e S_e)\,/\,(f_c S_c + f_e S_e)$
23: $\quad T[(c, e, cp)] \leftarrow S_h / S_s$
24: **end for**
25: $RC \leftarrow $getRareCausalKnowledge$(T)$
26: **return** RC

図 6.7 意外な因果関係の抽出アルゴリズム [55].

Probability (w, en)，getRareCausalKnowledge (T) は以下で説明する．

CompanyKeywords

CompanyKeywords (cp) は入力された会社 cp に関連するキーワードのリス

トを返し，getCompanyKeywordScore(*en*) は会社キーワード *en* の重みを返す．
CompanyKeywords(*cp*) によって得られるキーワードは，以下の式 6.2 を用い
て抽出できる．

$$Score(w, cp) = \frac{W(w, S(cp))}{\max_{w'} W(w', S(cp))} \tag{6.1}$$

$$W(w, S(cp)) = tf(w, S(cp))H(w, S(cp))\log_2 \frac{N}{df(w)} \tag{6.2}$$

ここで，$S(cp)$ は会社 *cp* の決算短信 PDF の集合，$tf(w, S(cp))$ は $S(cp)$ に含ま
れる単語 *w* の頻度，$df(w)$ は単語 *w* を含む決算短信 PDF の数，N はこの研究
で用いる決算短信 PDF の数，$H(w, S(cp))$ は PDF *d* に出現する単語 *e* の出現確
率 $P(w, d)$ に基づくエントロピーである．$P(w, d)$ と $H(w, S(cp))$ は以下の式に
よって計算できる．

$$H(w, S(cp)) = -\sum_{d \in S(cp)} P(w, d) \log_2 P(w, d) \tag{6.3}$$

$$P(w, d) = \frac{f(w, d)}{\sum_{d' \in S(cp)} f(w, d')} \tag{6.4}$$

ここで，$f(w, d)$ は決算短信 PDF *d* に含まれる単語 *w* の数を表す．

スコアリング関数 $Score(w, cp)$ は，特定の決算短信 PDF にのみ出現し，か
つ，会社 *cp* の決算短信 PDF に数多く満遍なく出現する語に高い値を付与す
る．$Score(w, cp)$ が高い語を会社キーワードとして選択する．

getConditionalProbability

getConditionalProbability(*w*, *en*) は単語 *w* に共起する結果 n-gram の条件付き
確率を返す関数である．この条件付き確率は，6.6.1 節の Step 3 によって計算
される．

getRareCausalKnowledge

getRareCausalKnowledge(*T*) は高いスコアを持つ原因・結果表現上位 N 個を
意外な因果関係として抽出する関数である．ここでは，N は 20 とする．

表 6.5 抽出された意外な因果関係.

キーワード	原因表現	結果表現
猛暑	猛暑の影響	除草関連用品、散水用品、日除け用品が好調に推移しました
冷夏	冷夏の影響を受け、高冷地での開花が遅れた	トルコギキョウは、お盆や秋のお彼岸の需要期には、品薄となり高値での取引となりました。
暖冬	調理みそシーズン序盤の暖冬	ストレート鍋スープの出荷が伸び悩み
厳冬	猛暑と厳冬によりシニア層の来場が減った	ゴルフ練習場においては、減収となりました。

6.6.3 アルゴリズムの説明

図 6.7 の 22 行は会社キーワードと，原因表現もしくは結果表現に含まれる数の調和平均を計算している．ここで注意したいのは，原因表現と結果表現の両方に会社キーワードが出現する場合に限り，S_h が 0 以外の値になることである．そのような場合，因果関係に含まれる会社キーワードのスコアが高いほど，S_h は高くなる．

23 行目では，S_h を結果表現の各 n-gram が出現する w の共起確率 S_s で正規化している．これにより，共起確率が低い場合，すなわち，結果表現に n-gram を持つキーワードが出現する確率が低い場合，$T[(c, e, cp)]$ の値が高くなる．

6.6.4 意外な因果関係の抽出実験

3821 社から取得した 10 万 6885 個の決算短信 PDF を用いて，意外な因果関係の抽出実験を行った．「猛暑」「冷夏」「暖冬」「厳冬」の 4 つの語を入力キーワードとして用いた．抽出した結果を表 6.5 に示す．

表 6.5 より，キーワード「冷夏」では，トルコギキョウに関する原因・結果表現を抽出できた．冷夏の影響で開花が遅れるのは想像できるが，それにより日本の伝統行事で使われるために高騰することを想像するのは難しいことから，意外な因果関係といえる．また，キーワード「猛暑」では，除草関連の原因・結果表現を抽出できた．猛暑によって雑草が育つという隠れた因果関係を持っているため，猛暑で除草関連用品が売れるというのは，想像するのが難しいことから，こちらも意外な因果関係である．

第7章　因果チェーンの構築と検索

　経済ニュース記事を読んでいると，株価の動きや商品の売り上げ，雇用や貿易など，様々な経済事象に関する原因と結果の関係の記述がよく出てくる．例えば「将来の少子高齢化が○○を引き起こし，それに関連した○○に関する需要が増えることが予想される」とか「現在の株価下落は○○による市場参加者のリスク警戒心理の高まりを反映している」など，ある事象の経済的な波及効果やその事象の原因について述べている．

　しかし，経済現象のように人間の行動が関係する事象の因果関係を，数値データだけから統計的に解析することは難しい．なぜなら，人間が原因事象をどのように認識して，それに対してどのような行動を取るのかという行動ルールが因果関係の鍵となっているからである．時と場合によって因果関係が変化するため，自然科学的現象のように数値データの統計分析で，客観的かつ普遍的な因果系列を取り出すことはほぼ不可能である．

　そこで，人間が認識した因果関係が含まれていると思われる経済テキストデータを解析し，経済分野に関わる因果関係のデータベースを構築する研究を紹介する．さらに，特定の事象を表すフレーズから派生する**因果系列**（因果チェーン）を検索する手法を紹介する [3, 4, 56]．この手法の応用として，ユーザが入力した語句に対して因果系列を表示し，ユーザが適切な系列を選択したり適切でない系列を削除したりできるシステムも紹介する．このシステムで作成された因果チェーンにより経済的な波及効果と要因列挙が可能となる．因果チェーン検索システムと，本システムやアルゴリズムを用いた応用の可能性についても論じる．

　人間が認知した因果関係について記述されたテキストデータを解析し，そこから因果関係を抽出する技術が必要となる．今回は，決算短信という，上場企業が業績や財務状況を開示するために定期的に発行しているテキストか

ら，経済的な因果関係を第 6 章の手法を用いて抽出する．経済的な因果関係
の抽出に使用したテキストデータは，2012 年 10 月から 2018 年 5 月に約 2300
社が発行した約 2 万個の決算短信テキストであり，抽出された因果関係は 107
万 8542 個である．抽出された因果関係は，決算短信の発行された日付，決算
短信を発行した銘柄などと一緒にデータベースに保存される．使用した因果関
係抽出手法の手順を以下に記す．

(1) 因果情報文の特定

　獲得したテキストデータから原因・結果判定法を用いて，原因と結果を
含む文を抽出する．

(2) 因果表現の抽出

　原因・結果を含んでいると判定された文から後述の原因・結果表現抽出
手法を用いて，原因を示す原因表現と結果を示す結果表現の対を抽出す
る．

7.1　因果チェーンの構築アルゴリズム

　前述の手法で決算短信テキストから構築した経済因果データベースにおい
て，特定の語句から関連する因果系列(因果チェーン)を構築する．因果チェー
ン構築手法には，文献 [57, 58] を基に改良した手法を用いた．具体的には以下
に記した 4 つのステップからなる(図 7.1)．

7.1.1　Step 1：ユーザのテキスト入力

　ユーザが「消費税の増税」や「感染症」などの自分の関心がある経済現象や
社会現象などのフレーズを入力する．最初は終端ノードを入力テキストとす
る．

　因果チェーン検索には 2 種類の方向があり，前向きの場合は入力テキスト
を最初の原因表現として，原因 – 結果の順で波及効果を検索する(図 7.2a)．
後ろ向き検索の場合は，入力テキストを最終の結果表現として，結果 – 原因
の順で潜在的な遠因を検索する(図 7.2b)．

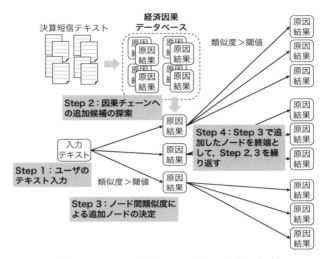

図 7.1　因果チェーン構築の概要([58] を基に作成).

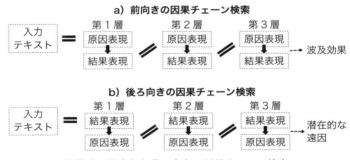

図 7.2　前向きと後ろ向きの因果チェーン検索.

7.1.2　Step 2：因果チェーンへの追加候補の探索

　終端ノードの表現と一定の類似性がある因果関係を，探索期間 S 内の経済因果データベースから選択し，因果チェーンへの追加候補とする．具体的にはトピックによる絞り込みを行う．経済因果データベースに含まれる原因表現と結果表現に出現する名詞を用いて，事前に LDA（第 8 章参照）等のトピック分析により決められた数のトピックを抽出する．次に，経済因果データベースの各々の原因表現と結果表現に関連するトピックに分類しておく．そして，前向き検索の場合は，終端ノードの結果表現のトピックと同じトピックに属する原因表現を含む因果関係をデータベースから選択して，終端ノードの先に追加す

る因果関係の候補とする．後ろ向き検索の場合は，終端ノードの原因表現と同じトピックの結果表現を含む因果関係を追加候補とする．

7.1.3 Step 3：ノード間類似度による追加ノードの決定

Step 2 で抽出した追加候補と終端ノードの組み合わせについて因果関係ノード間の類似度を計算する．因果関係ノード間の類似度が閾値 α 以上であるときにノードを因果チェーンに追加して拡張する．ここでは，経済分野の事前知識を必要としない単語の埋め込み表現(200 次元のベクトル表現)によるノード間類似度の計算方法を用いている．単語の埋め込み表現のモデルは 2012 年から 2017 年の 5 年間の経済ニュース記事テキストから Word2vec [13] を用いて学習した．

前向き検索の場合は，終端ノードの結果表現が n 個の名詞 $\{\mathbf{w}_1, \mathbf{w}_2, \cdots, \mathbf{w}_n\}$ を含んでいるとする．$\mathbf{w}_i$ はさきほどの埋め込み表現(ベクトル)である．結果表現の名詞の埋め込み表現の平均ベクトルを $\bar{\mathbf{w}}$ とする．

$$\bar{\mathbf{w}} = \frac{1}{n} \sum_{i=1}^{n} \mathbf{w}_i \tag{7.1}$$

次に，追加候補となっているある因果関係の原因表現が m 個の名詞 $\{\mathbf{w}'_1, \mathbf{w}'_2, \cdots, \mathbf{w}'_m\}$ を含んでいるとする．これらの埋め込み表現の平均ベクトルを $\bar{\mathbf{w}}'$ とする．この 2 つの埋め込み表現の平均ベクトルを正規化したコサイン類似度 $cos(\bar{\mathbf{w}}, \bar{\mathbf{w}}')$ を用いて因果関係間の類似度を計算する．

$$cos(\bar{\mathbf{w}}, \bar{\mathbf{w}}') = \frac{\bar{\mathbf{w}} \cdot \bar{\mathbf{w}}'}{\|\bar{\mathbf{w}}\|\|\bar{\mathbf{w}}'\|} \tag{7.2}$$

追加候補の原因表現について類似度を計算し，閾値 α 以上であるときにノードを因果チェーンに追加して拡張する．後ろ向き検索の場合は，終端ノードの原因表現から $\bar{\mathbf{w}}$ を計算し，追加候補の結果表現から $\bar{\mathbf{w}}'$ を計算して，同様の手続きで因果チェーンを拡張する．

7.1.4 Step 4：因果チェーンの拡張の繰り返し

Step 3 で追加したノードを新たな終端ノードとして，指定回数 n 回まで Step 2, Step 3 を繰り返す．

Causal Chain *∂*

消費税の増税

○ 結果を検索する
○ 原因を検索する
検索期間: 2012/10 ～ 2018/5

【検索の方向】
原因から結果への波及効果の
検索か，結果から原因への要
因検索かを指定

【検索期間】
因果チェーンを構築する対象
となる決算短信が発行された
期間を限定

図 7.3　開始テキストを入力するテキストボックス.

7.2　因果チェーン検索システム

　上述の因果チェーン構築アルゴリズムを基に，提示された因果関係をユー
ザが編集できる機能を加えた経済因果チェーン検索システムを実装した [9].
本システムの試作版を著者ら（和泉・坂地）の研究室のウェブサイト（http://
socsim.t.u-tokyo.ac.jp）にて公開している．以下に本システムの動作する
様子を説明する.

　最初に開始テキストをユーザが入力する（図 7.3）．その際に，原因から結果
への波及効果の検索か，結果から原因への要因検索かを指定する．さらに，因
果チェーンを構築する対象となる決算短信が発行された期間を限定することも
可能である.

　テキストボックスの右にある検索ボタンをクリックすると，開始テキストに
連鎖する因果関係を表示する（図 7.4）．デフォルトでは関連性の高い順に 3 個
の因果関係を表示する．より多くの因果関係を見たければ，「もっと見る」ボ
タンをクリックし，因果関係ノードの表示を増やすことができる．因果関係の
各ノードには，その因果情報を含んでいた決算短信テキストを発行した会社の
銘柄，発行日時，親ノードとの類似度が表示される（図 7.5）．また，因果関係
ノードのボックスをクリックすると元の文が表示される．ユーザが適切な因果
でないと判断した場合は，各ノードの右上にある削除ボタンを押して，ノード
を削除できる.

　各ノードからさらに因果チェーンを伸ばしたい場合は，各ノードの右側にあ

図 7.4　連鎖する因果関係の表示.

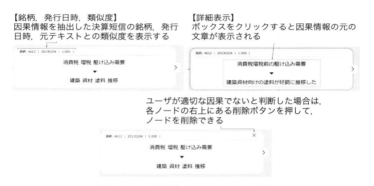

図 7.5　因果関係ノードの表示と削除.

る「>」ボタンをクリックすると，クリックされたノードを終端ノードとして関連する因果関係が追加される（図 7.6）．上記の因果チェーンの構築作業を繰り返し，ユーザが必要とする因果チェーンを構築できたら，構築した因果チェーンをファイルに保存することができる．

7.3　因果チェーン検索の応用例

前節までで紹介した経済因果チェーン検索を用いた応用事例として，株価動向分析を 2 例と，アプリケーションのアイデアを紹介する．

各ノードの右側にある「>」ボタンをクリックすると，クリックされたノードを
終端ノードとして関連する因果関係が追加される

図 7.6　因果チェーンの追加.

7.3.1　因果関係を用いた銘柄間関連性指標

Nakagawa ら [59] は，本章の経済因果チェーンの検索結果を用いて，企業間の関連性の指標を計算した．ある企業 X の決算短信に出現した因果情報に後ろ向きの因果チェーン検索を行い，X の原因表現に類似する結果表現を有する因果情報が他の企業 Y の決算短信に出現する回数を，X と Y の結びつきの強さとした．ある時点で企業 Y の株価に大きな変動があった場合に，市場参加者はその変動要因を類推し，変動要因に関連する企業 X の株式が売買されると仮定した．また Y から X への株価変動の伝播には，要因分析にかかるタイムラグが存在するとした．上記の仮定に基づき，TOPIX500 の構成銘柄に対して，先月の月次リターン（株価変動）が上位 20% に入る，上昇幅の大きな銘柄と因果関係で関連する銘柄を買い，逆に，先月に下位 20% に入る，下落幅の大きな銘柄に関連する銘柄を売るという売買を毎月行った．2012 年 12 月から 2019 年 1 月のデータで検証した結果，年率で 6.92% の正の利得が得られた．

7.3.2　因果関係を用いたニュースイベント分析

Izumi ら [60] は，特定のフレーズと関連する企業のリストを，因果チェーンの検索結果を用いて作成した．「小麦 価格」という入力テキストに対して前向き因果チェーン検索を行った結果，図 7.7 のような因果チェーンを得た．さら

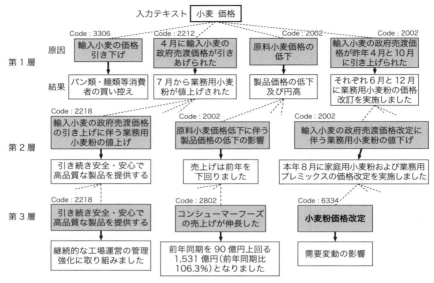

入力テキスト 小麦 価格

Code : 3306
原因 輸入小麦の価格
引き下げ
結果 パン類・麺類等消費
者の買い控え

Code : 2212
4月に輸入小麦の
政府売渡価格が引き
あげられた
7月から業務用小麦
粉が値上げされた

Code : 2002
原料小麦価格の
低下
製品価格の低下
及び円高

Code : 2002
輸入小麦の政府売渡価
格が昨年4月と10月
に引き上げられた
それぞれ6月と12月
に業務用小麦粉の価格
改訂を実施しました

第1層

Code : 2218
輸入小麦の政府売渡価格
の引き上げに伴う業務用
小麦粉の値上げ
引き続き安全・安心で
高品質な製品を提供する

Code : 2002
原料小麦価格低下に伴う
製品価格の低下の影響
売上げは前年を
下回りました

Code : 2002
輸入小麦の政府売渡価格改定に
伴う業務用小麦粉の値下げ
本年8月に家庭用小麦粉および業務用
プレミックスの価格改定を実施しました

第2層

Code : 2218
引き続き安全・安心で
高品質な製品を提供する
継続的な工場運営の管理
強化に取り組みました

Code : 2802
コンシューマーフーズ
の売上げが伸長した
前年同期を90億円上回る
1,531億円(前年同期比
106.3%)となりました

Code : 6334
小麦粉価格改定
需要変動の影響

第3層

図 7.7 「小麦 価格」からの前向き因果チェーン検索の結果の一部.

に，各層の因果情報を含む決算短信を発行した企業を調べて，各層で初めて出現した企業のリストを作成した．その結果，先ほどの「小麦 価格」から構築した因果チェーンでは，前向き方向と後ろ向き方向のどちらの検索結果でも，第1層では製粉会社や製パン業者など小麦価格に直接関連する企業が出現した．第2層，第3層には，小麦価格と間接的な関連を持つ企業が出現するようになった．例えば，前向き方向の検索の場合は，化学製品・調味料・食品製造機械メーカーなどが第2層と第3層で初出となった．後ろ向き方向の場合は，より広範な要因に関連する商社が出現した．このリストに含まれる企業に関して，2018年6月以降で見出しに「小麦 価格」を含む大きなニュース記事が発行された時点の前後20営業日の価格変化を調べた．その結果，ニュース発行前に比べ発行後の価格変動が増大していた．さらに，より深い階層で出現した銘柄の株価の方がより大きな変動が長く持続した．

7.3.3 因果チェーン検索を用いたアプリケーション

一般の個人投資家，特に資産運用を始めたばかりの個人投資家には，資産運用を判断するための情報が難解なことがある．この難解さの原因の1つとし

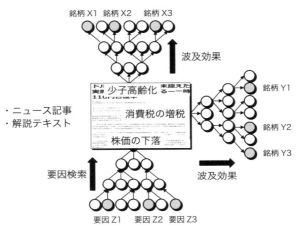

図 7.8 ニュース内容の波及効果と背景情報の提示サービス.

て，自分たちが日常生活で得てきた知識と金融の専門的な知識との間の大きな
ギャップがある．日常的な事象から金融市場動向へは，いくつかの経済事象の
因果関係の連鎖が存在する．提案手法により，このギャップを埋めるような知
識を提供するサービスを実装できる．

ニュース内容の波及効果と背景情報の提示

　ユーザが日常的に見るニュース記事の中に気になる語句があれば，そこを指
定し，その語句から派生して関連する経済事象を本手法により提示することが
できる(図 7.8)．波及効果の中には，ある企業の業績や経営状況に直接関わる
事象も含まれるので，ユーザが様々なニュースから関連銘柄を検索するサービ
スを構築することが可能である．また，逆に指定した語句の要因となり得る事
象を検索してユーザに表示することもできる．

質問応答システム

　金融機関が個人投資家向けに提供する対話エージェントサービスにも，提案
手法を応用可能である．個人投資家があまり金融専門知識を有していない場
合，対話システムのエージェントに対して，質問をしてくる場面が多くなると
考えられる．自分の経験や興味に関連する一般的な話題を切り口にして，関連
する経済事象や銘柄を質問してきた場合に，提案手法により関連しうる事象や

銘柄と，なぜ関連すると考えられるかを答えることができる．また，事象を引き起こした要因も返答できる．

レポート作成支援

　金融機関のアナリストは，顧客向けに特定の銘柄や市場全体の動向に関するレポートを定期的に発行する．提案手法により，アナリストがレポートを作成する際のコンテンツの選定を支援することができる．例えば，ある事象から解説対象の市場に対して何か波及効果がなかったかを検索し，レポートにこの事象を書くべきかどうか決める．また，ある市場の動きに対して，潜在的な要因を検索し，レポートに書くべき要因に漏れがないかどうかをチェックできる．他にも，ある事象 X が別の事象 Y を引き起こすとレポートに書いた場合に，事象 X から事象 Y への因果系列を検索して，因果の飛躍がないかどうかチェックすることができる．途中にある因果系列のステップ数が長い場合には，途中の因果の一部をレポートに追記して，読者に理解しやすいようにする．

セールス支援

　上述の個人投資家向けの質問応答システムと同様の機能で，金融機関の営業担当者が顧客にセールスを行う際に，顧客の興味や関心と関連する銘柄を検索することができる．顧客の属性や興味に関連してあらかじめ関連銘柄を検索しておけば，営業活動の支援となり得る．また，顧客からの質問に対しても，上述の質問応答システムで，返答すべき内容の候補を得ることができる．このような対面営業以外でも，オンライン上での資産運用アドバイスで，基本的な相談であれば本手法により自動化を支援することができる．

7.3.4　多種の因果データベースとの連鎖

　決算短信以外のテキストデータから因果関係データベースを構築し，多様な分野の因果データベースを組み合わせることによって，以下のような解析や応用をすることができる．

業務報告書・社内文書

　各企業には，通常業務において担当者が作成した社内文書が存在する．例え

ば金融機関では，営業部門や融資部門が，対応した顧客に関して，業務報告書
や稟議報告書などを作成している．また，アナリストやトレーダーなどの市場
の専門家が作成した，相場見通しに関する定期的な分析レポートもある．この
ような，今までの業務で蓄積された社内文書には，有用な業務知識や専門知識
が多く含まれており，大量に集めて解析することによりデータを保有する企業
の独自知識として高い価値が生じることがある．例えば，地域の金融機関の業
務報告書を機械学習手法で解析し，その地域の詳細な経済活動指標を作成した
例がある [10]．同様に，本提案手法を用いて，その企業しか持っていない社内
文書から因果データベースを構築し，決算短信などの一般的な文書からの因果
データベースと組み合わせれば，その企業の独自知識を活用した新たな因果系
列を探索できる．

特許文書

　金融以外の分野でも，有用な因果データベースを構築できるテキストデータ
は多数ある．例えば特許文書の中には，特定の技術がどのような効果をもたら
すのかという因果関係の情報が多く含まれている．特許文書から構築した因果
データベースを用いて，因果チェーンを探索すれば，複数の技術の組み合わせ
によりどのような効果が期待できるかということを見つけることができる．ま
た，特許文書の因果データベースと経済分野の因果データベースを合わせれ
ば，技術の経済的波及効果や技術に対するニーズを調べることができる．

ミッシングリンクの発見

　上述の経済や技術分野だけでなく，より一般的な分野での因果関係をニュー
ステキストなどから構築し，これらの因果データベースを組み合わせれば，現
在は存在していない重要な因果関係を探索することができる．現状 X から開
始した波及効果 $\{x_1, x_2, \cdots, x_n\}$ を検索する．次に，達成したい状況 Y から因果
関係を遡って要因 $\{y_1, y_2, \cdots, y_m\}$ を検索する．最後に，x_i と y_j の組み合わせに
ついて，x_i を原因として y_j が結果となるような現象や技術がないかを検討し
てみる．こうすることによって，目標状況 Y を達成するために，現在は存在
しないが重要な技術や現象を発見することを支援できる．

第8章　パタン認識手法を用いたテキスト分析

　金融市場は多くの情報で溢れている．そうした情報には，物価指数や産業活動指数などの数値データもあれば，企業の有価証券報告書，日々配信されている経済ニュースなどのテキストデータも存在する．この膨大な量の情報から，投資家やトレーダーは，必要な情報を選び出し，それぞれの投資戦略に従って投資判断を下している．計算機の能力向上や，機械学習手法などの情報技術の発展に伴い，それらを活用した株価予測の研究が数多く行われてきた．例えば，ニューラルネットワークや遺伝的アルゴリズム等を数値データに用いて市場分析を行うものがあり，一定の成果を上げている [61]．

　近年，ビッグデータ時代の到来により，金融市場において利用可能なテキストデータも増大しており，テキストデータを用いて市場の価格予想や市場動向の分析を行う研究も多くなされている．

　例えば，ニュースのヘッドラインを分析し，為替市場の短期予測を行った研究 [62] や，中央銀行の発行するテキストを用いた研究などがある．日本銀行のテキストを対象にしたものでは，ニューラルネットワークを用いることでレポートを指数化する研究 [63] や，政策変更確率を予測する研究 [64] などがある．

　また本章に関連が深い研究として，米国の連邦公開市場委員会(Federal Open Market Committee: FOMC)のテキストを対象にしたものでは，トピックモデルによる分類と極性語による指数化に関する研究 [65] がある．本章では，日本銀行の発行したテキスト情報から，トピックモデルとニューラルネットワークを応用し，景気に対する極性をトピックごとに分解した指数化を行う．まずは，LDA モデルを用いたトピック分類について紹介し，その次に，ニューラルネットワークを用いた極性と指標の分析について紹介していく．

8.1 金融テキストからのトピック抽出

金融・経済におけるテキスト情報には，経済に影響を与える様々な情報が記述されている．エネルギー資源，工業，農業，医療，流通など，枚挙に暇がないくらいあらゆる分野に関して情報が発信され，さらには，国や政治，社会情勢，あるいは流行りなどの話題に関しても情報が溢れており，それらの関係性も複雑に絡み合っている．このような金融テキストを対象とした場合，テキスト内で記述されている内容をトピックなどで切り分けてみることで，分析がしやすくなったりより深い洞察が得られることが期待できる．

そこで本章では，金融テキストを対象としたトピック抽出について紹介していく．テキストデータとしては，**金融経済月報**を対象とする．

4 節では，ここで抽出したトピックを応用し，文書の極性(センチメント)分析した事例も紹介する．

8.2 データセット(金融経済月報)

さきほど述べたように，トピック抽出の対象データは金融経済月報(第 5 章参照)である．2016 年以降，金融経済月報は「経済・物価情勢の展望」(展望レポート)に集約されたため，分析の期間は 1998 年 1 月から 2015 年 12 月までの 18 年間である．金融経済月報ではまず，海外経済，米国経済，欧州経済，中国経済，新興国経済および海外の情勢について記述されている．次に，日本の景気として，輸出，設備投資，雇用・所得環境，個人消費，住宅投資，鉱工業生産，物価面と国内マクロ環境について述べられ，最後に，日本の金融環境について述べられている．つまり，海外要因，国内経済，国内金融という順番に従った一定の形式で記述されている．

下記に，2015 年 12 月の金融経済月報の冒頭部分を記す．全体の要約を一番始めに述べており，「海外要因」，「国内経済」について順番に記述されている．

> わが国の景気は、輸出・生産面に新興国経済の減速の影響がみられるものの、緩やかな回復を続けている。

（中略）

　海外経済は、新興国が減速しているが、先進国を中心とした緩やかな成長が続いている。そうしたもとで、輸出は、一部に鈍さを残しつつも、持ち直している。国内需要の面では、設備投資は、企業収益が明確な改善を続けるなかで、緩やかな増加基調にある。また、雇用・所得環境の着実な改善を背景に、個人消費は底堅く推移しているほか、住宅投資も持ち直している。公共投資は、高水準ながら緩やかな減少傾向にある。鉱工業生産は、横ばい圏内の動きが続いている。この間、企業の業況感は、一部にやや慎重な動きもみられるが、総じて良好な水準を維持している。

8.2.1　LDA

　金融経済月報の各文章のトピック分類には，トピックモデルとしてよく知られた LDA [66] を用いてトピックの抽出を行う．

　LDA は，各ドキュメント d が複数の潜在変数 Z_d を有しており，ドキュメント中の各単語 $w_{d,i}$ は潜在変数の確率分布から生成されるという考えがベースとなっている [67]．具体的には，$D = d_1, d_2, \cdots, d_M$ と表される全金融経済月報に対して，各金融経済月報 d は複数のマクロ経済トピック（物価，企業収益，マネーサプライ等）から成り立っているとし，記事に含まれる各単語 $w = w_1, w_2, \cdots, w_{N_d}$ はそのトピックから生成されることを仮定したモデルである．例えば，「物価」というトピックの確率分布から「デフレ」という単語が生成される．図 8.1 に，LDA の**グラフィカルモデル**とその表記を示す．

　LDA の生成プロセスは以下の通りとなる．

　ドキュメント d の各トピック分布 θ_d が以下の数式により生成される．なお，ここで α はディリクレ分布のハイパーパラメータである．

$$\theta_d \sim \mathrm{Dirichlet}(\alpha) \tag{8.1}$$

各トピック k に対して，単語分布 φ_k が以下の数式により生成される．なお，ここで β はディリクレ分布のハイパーパラメータである．

$$\varphi_k \sim \mathrm{Dirichlet}(\beta) \tag{8.2}$$

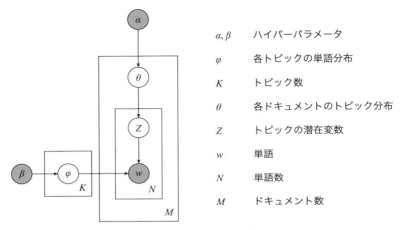

<table>
<tr><td>α, β</td><td>ハイパーパラメータ</td></tr>
<tr><td>φ</td><td>各トピックの単語分布</td></tr>
<tr><td>K</td><td>トピック数</td></tr>
<tr><td>θ</td><td>各ドキュメントのトピック分布</td></tr>
<tr><td>Z</td><td>トピックの潜在変数</td></tr>
<tr><td>w</td><td>単語</td></tr>
<tr><td>N</td><td>単語数</td></tr>
<tr><td>M</td><td>ドキュメント数</td></tr>
</table>

図 8.1 LDA のグラフィカルモデルとノーテーション.

ドキュメント d における各単語 $w_{d,i}$ に対して,トピックの潜在変数 $z_{d,i}$ が以下の数式の分布からサンプリングされる.

$$z_{d,i} \sim \text{Multinomial}(\theta_d) \tag{8.3}$$

ドキュメント d における各単語 $w_{d,i}$ に対して,単語 $w_{d,i}$ が次の数式の分布からサンプリングされる.

$$w_{d,i} \sim \text{Multinomial}(\varphi_{z_{d,i}}) \tag{8.4}$$

ディリクレ分布は以下の式により定式化される.なお,式中の x はカテゴリ分布や多項分布のパラメータ,Γ はガンマ関数,α はハイパーパラメータである.

$$Dirichlet(x|\alpha) = \frac{\Gamma(\sum_{i=1}^{K} \alpha_i)}{\prod_{i=1}^{K} \Gamma(\alpha_i)} \prod_{i=1}^{K} x_i^{\alpha_i - 1} \tag{8.5}$$

また,n 回試行における Multinomial 分布は以下の式により定式化される.前述の式 8.3,式 8.4 において,1 回ごとの試行であるため $n = 1$ であり,また p はパラメータ θ,および φ に当たる.

$$\text{Multinomial}(x|n, p) = \frac{n!}{x_1! \cdots x_K!} p_1^{x_1} \cdots p_K^{x_K} \tag{8.6}$$

　まず，金融経済月報のテキストデータに対し，形態素解析を行い，名詞を抽出する．抽出した名詞に対して，文章における出現頻度を基にしたベクトル（BoW 形式）をモデルのインプットとする．LDA モデルの各ドキュメント d に対するトピック分布 θ_d，および各トピック k に対する単語分布 φ_k を推定した．なお，LDA モデルのパラメータは，それぞれ $\alpha = 0.1$，$\beta = 0.0001$，トピック数 $K = 12$ とした．α と β は単語分布 φ_k の散らばりぐあいを基に定性的に判断し決定した．トピック数については，金融経済月報に含まれるマクロ経済等のトピック数を基に決定した．

　LDA モデルにより，トピック分類を行った後，ドキュメント d においてトピック k が出現する確率である $\theta_{d=1,\cdots,M, k=1,\cdots,K}$ が推論される．ここで，M は総ドキュメント数で，K は総トピック数を表す．

8.3　金融経済月報からのトピック抽出

　トピック分類の結果として，各トピック k の単語分布 φ_k における上位単語を表 8.1 に示す．各トピックのテーマは，個人消費，公共投資，在庫，設備投資，物価，マネーサプライ，鉱工業生産，企業金融，マーケット，貿易，資金供給，企業収益の 12 個に分類した．

8.4　LSTM によるポジネガ分析と指標生成

8.4.1　景気ウォッチャー調査

　本節では，内閣府が発表している**景気ウォッチャー調査**を紹介する．景況感に関する質・量ともに優れた学習データとして，景気ウォッチャー調査が挙げられる[1]．景気ウォッチャー調査とは，内閣府が毎月実施している景気動向調査のことで，12 の地域ごとにアンケート形式で得られた結果が取りまとめられている．例えば，表 8.2 に示すような内容が記載されている．表 8.2 におい

1　https://www5.cao.go.jp/keizai3/watcher/watcher_menu.html

表 8.1 各トピック k の単語分布 φ_k における上位単語.

個人消費	公共投資	在庫	設備投資
個人消費	公共投資	資本財	機械投資
住宅投資	公共工事請負金額	部品	実質
海外経済	実質輸出	財別	船舶
所得環境	所得環境	情報関連	輸送機械
設備投資	公共工事出来高	実質輸入	設備投資
景気	有効求人倍率	自動車関連	電力
公共投資	完全失業率	電子部品	機械受注
鉱工業生産	労働需給	中間財	全国百貨店売上高

物価	マネーサプライ	鉱工業生産	企業金融
消費者物価	マネーサプライ	在庫調整	金融機関
物価	電子部品	鉱工業生産	貸出態度
国内企業物価	CD	実質輸出	企業金融
国際商品市況	デバイス	最終需要	設備投資
ターム物金利	輸送機械	素材	資金供給面
生鮮食品	マネタリーベース	情報関連財	資金調達コスト
短期金融市場	業種別	鉄鋼	信用力
輸入物価	在庫バランス	海外経済	製造業

マーケット	貿易	資金供給	企業収益
株価	実質貿易収支	CP	製造業
国債	実質ベース	社債	企業収益
流通利回りスプレッド	サービス収支	民間銀行貸出	設備投資
為替相場	世帯	発行環境	雇用者所得
社債	海外経済	発行残高	中小企業
対米ドル相場	黒字幅	資金調達	賃金
流通利回り	二人以上	資金需要面	常用労働者数
日経平均株価	消費財	資金需要	所定外給与

て，○は「やや良い」，□は「どちらともいえない」，×は「悪い」をそれぞれ表している．表 8.3 に，「景気の現状判断」に付与される記号を示す．表 8.3 に示す通り，景気ウォッチャー調査は 5 段階で示される．それぞれの景気判断の割合を表 8.4 に示す．表 8.4 より，判断の多くは「どちらともいえない」であり，続いて「やや良い」と「やや悪い」が多く，「良い」と「悪い」はほとんど存在しない．

　本節では，景気ウォッチャー調査中の「景気の現状判断」を目的変数にし，「追加説明及び具体的状況の説明」から得られる情報を説明変数にして学習モ

表 8.2　景気ウォッチャー調査の例.

景気の現状判断	追加説明及び具体的状況の説明
○	今年は雪が少なかったため、年始商戦は順調に推移した。ただ、日並びが悪かったのか、国内からの旅行客が極端に少なかった。
□	初売りは前年並みであったが、初売り以降は悪天候の影響で売上が減少し、結果的に月全体の売上も前年を下回った。
×	前々年の台風被害から 1 年以上が経過したが、売上回復の兆しが見当たらない。

表 8.3　「景気の現状判断」に付与される記号一覧.

記号	意味
◎	良い
○	やや良い
□	どちらともいえない
▲	やや悪い
×	悪い

表 8.4　景気の現状判断の割合.

記号	数（割合）
◎	4,172（2%）
○	50,120（22%）
□	108,747（48%）
▲	48,714（22%）
×	14,084（6%）

デルを構築する．機械学習手法としては，**LSTM**（Long Short-Term Memory）を採用する．

8.4.2　Long Short-Term Memory

　ここでは，Recurrent Neural Network（**RNN**）の一種である LSTM を検討モデルの 1 つに加える．RNN は，時系列データのような連続した系列を解析する手法であり，文中の単語の並びを系列データとすることで，自然言語処理タスクに利用されている．しかしながら，一般的な RNN は誤差の勾配が消失，ま

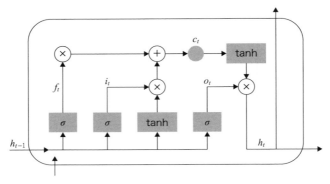

図 8.2 LSTM の概要図.

たは発散してしまい，長期系列の学習が難しいという問題がある．LSTM は，この問題を解決するために開発された [68]．

LSTM は，メモリセル (c_t) と，入力ゲート (i_t)，忘却ゲート (f_t)，出力ゲート (o_t) の 3 つのゲートを持つ.

$$X = \begin{bmatrix} h_{t-1} \\ x_t \end{bmatrix} \tag{8.7}$$

$$f_t = \sigma(W_f \cdot X + b_f) \tag{8.8}$$

$$i_t = \sigma(W_i \cdot X + b_i) \tag{8.9}$$

$$o_t = \sigma(W_o \cdot X + b_o) \tag{8.10}$$

$$c_t = f_t \odot c_{t-1} + i_t \odot \tanh(W_c \cdot X + b_c) \tag{8.11}$$

$$h_t = o_t \odot \tanh(c_t) \tag{8.12}$$

ここで，W_f, W_i, W_o, W_c は重み行列，b_f, b_i, b_o, b_c はバイアスベクトルである．加えて，σ はシグモイド関数を，$\odot$ は要素ごとの積を表す．x_t は入力ベクトル，h_t は隠れ層を示す．LSTM ブロックの概要図を図 8.2 に示す．

ここでは，実験するモデルの 1 つに **BiLSTM** [69] を用いる．BiLSTM は通常の LSTM と異なり，系列データを双方向から処理するモデルである．そのため，文を文頭から処理した場合と，文を文末から処理した場合の 2 通りの特徴を扱うことができ，通常の LSTM よりも扱える情報量が多い．図 8.3 に，ここで用いた BiLSTM のモデル図を示す．このモデルは入力に対して，「良

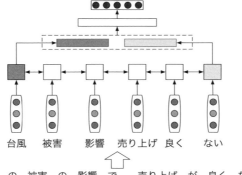

図 8.3 BiLSTM を用いての極性判定.

い」「やや良い」「どちらともいえない」「やや悪い」「悪い」のいずれかを付与する 5 値分類器となっている.

　入力には,あらかじめ形態素解析を用いて形態素に分割し,そこから内容語(名詞,動詞,形容詞)であると判定された語の分散表現を用いる.本研究では,生成した分散表現に含まれない語については,入力から除外することとする.図 8.3 では,「台風の被害の影響で,売り上げが良くない」を形態素に分割し,そこから内容語(名詞,動詞,形容詞)を選択している.ここで,文頭から処理をする順方向の LSTM を $\overrightarrow{LSTM}$ と定義し,文末から処理をする逆方向の LSTM を $\overleftarrow{LSTM}$ と定義する.各入力に対して,LSTM ($\overrightarrow{LSTM}$, $\overleftarrow{LSTM}$) を通して $\{\overrightarrow{h_i}\}_i^n$ と $\{\overleftarrow{h_i}\}_i^n$ を得る.

$$\overrightarrow{h_i} = \overrightarrow{LSTM}(e_i), \qquad \overleftarrow{h_i} = \overleftarrow{LSTM}(e_i) \qquad (8.13)$$

ここで,n は入力の単語数,e_i は i 番目に入力された単語の分散表現を表す.

　その後,$\overleftarrow{h_1}$ と $\overrightarrow{h_n}$ を結合し,以下のように出力層へ値を渡す.

$$s = [\overleftarrow{h_1}; \overrightarrow{h_n}] \qquad (8.14)$$

$$t = \alpha(W_s \cdot s + b_s) \qquad (8.15)$$

$$Y = W_t \cdot t + b_t \qquad (8.16)$$

ただし,$h_1 \in \mathbb{R}^m$, $h_n \in \mathbb{R}^m$, $s \in \mathbb{R}^{2m}$, $t \in \mathbb{R}^l$. ここで,W_s, W_t は重み行列,b_s, b_t はバイアスベクトル,α は活性化関数,m は隠れ層のユニット数,l は中間層

図 8.4 金融経済月報の極性指標 [5].

のユニット数，Y は $Y = (y_1, y_2, y_3, y_4, y_5)$ で構成される出力層である．活性化関数 α は，パラメータ探索を行い最適な関数を選択する．

ここでは，出力層を以下の式 8.17 で活性化させる．

$$\beta_i = \log\left(\frac{\exp(y_i)}{\sum_j \exp(y_j)}\right) \tag{8.17}$$

ここで，β_i は活性化された出力層を表し，y_i は活性化関数に渡される出力層を表す．最後に，出力層の中から最大の値を選び，それに対応する極性を入力に対する出力とする．景気ウォッチャー調査を用いて学習した BiLSTM モデルに金融経済月報を 1 文ずつ判断させ，その平均値をその金融経済月報の極性とする．

8.5 極性指標生成結果

まず，金融経済月報をトピックに分類せずに BiLSTM モデルを用いて極性指標を算出すると，図 8.4 の結果が得られた．図 8.4 より，生成された指標は，先行研究 [63] において生成された指標と，ほぼ同じとなった．さらに，

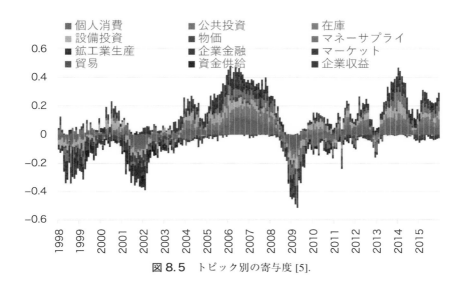

図 8.5　トピック別の寄与度 [5].

トピック別に極性指標を算出したものを全体に対する寄与度で表すと，図 8.5 を得ることができる．

　トピック別の極性を見ると，ほとんどのトピックは同様な正負の推移を見せている．2015 年の極性の寄与度に注目すると，物価トピックは全体に対してマイナスの寄与を与えている．これは，アベノミクスにより景気は回復し，物価以外のマクロ経済は良い状態となったのに対して，物価は政策目標である 2% に届いていないため，金融経済月報にもそれが表れたためではないかと考えられる．

8.5.1　生成した指標の応用

　上で利用したテキストは金融経済月報であったが，以下では銀行の「**接触履歴**」を用いた指標生成と，業種間構造の分析に関して紹介する．接触履歴は，行員が顧客と何かしらのやり取りを行った際に記録されるデータであり，様々なことが記述されている．接触履歴の中には，日々の業務の中で行員が感じた些細な変化や気づきが含まれている場合がある．しかしながら，上記の文書は，担当者の引継ぎ資料，もしくは上司への報告資料のみに使われており，有効に利用されているとは言い難い．

表 8.5　接触履歴の例 [70].

他行住宅ローン借換推進で訪問するが不在。名刺、チラシ投函する。
修学旅行も引続き順調であり来期も期待できる。新ホテル棟建設についてであるが投資金額が当初予定額より大幅に上回り、再度計画予定である。一応は9月までを目処としているが、建築確認等を考えると厳しいかもしれない。今後の展開を考え、〈組織〉内等にホテル等の売却案件があったら運営及び買取を行いたいので是非紹介をお願いしたい。
〈組織〉社長面談　現況確認　台風の影響で前期は売上減少　健康食〈組織〉による売上増加を見込むが動きなし　同氏の土地収用に伴う入金で借入金返済を見込む。
キャッシュカード暗証番号変更でご来店。定期商品や保険を少しご案内しました。老後のことが不安との事なので時間があるときに検討する。

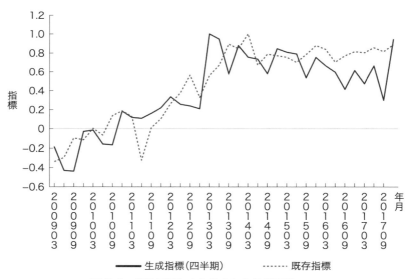

図 8.6　接触履歴により生成した景況指標 [70].

　一方，地方の景況感を知るための指標としては，内閣府が発表している景気動向指数や景気ウォッチャー調査，日本銀行が発表している日銀短観などがある．しかしながら，これらの指標は月ごと，もしくは，四半期に一度のペースで発行されるため，週ごと，もしくは10日ごとの景況感を知ることができなかったり，即時性がないことが欠点として挙げられる．

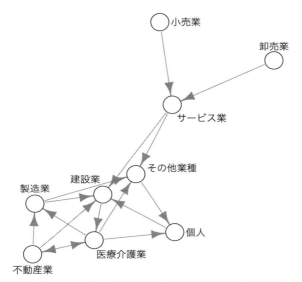

図 8.7 偏グレンジャー因果分析による業種間因果の可視化 [70].

そこで，銀行に蓄積された文書を用いて地域の景況観を示すインデックスを作成することができれば，即時性があって有益ではないかと考えた．加えて，行員が書いた文書には，彼らが地域の企業に接した生の声が含まれているため，それを用いることで地域の景況感を反映させられると考えた．そのため，8.4.2 節で紹介した手法を用いて地域景況インデックスを生成する．さらに，接触履歴に含まれている業種情報と生成したインデックスを用いて，業種間構造を分析する．

接触履歴の例を表 8.5 に示す．表 8.5 において〈組織〉とは，個人が特定されてしまわないよう，情報をマスクした箇所である．

ここでは，沖縄県に着目し，沖縄銀行の接触履歴を用いて，地方景況感と業種間構造を分析する．正解データとして，おきぎん経済研究所が発行している企業動向調査[2]を用いる．図 8.6 に，生成した指標を示す．生成した指標とおきぎん経済研究所が発行している企業動向調査との相関係数を求めたところ，0.856 と高い値を得ることができた．この結果から，接触履歴には沖縄県の景

---

2 `http://www.okigin-ei.co.jp/report_DI.html`

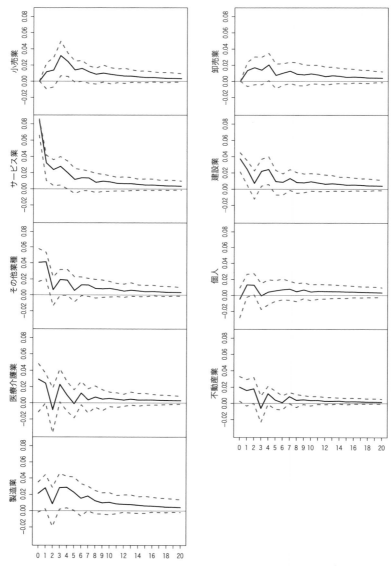

図 8.8 インパルス応答関数(サービス業)[70].

況感を示す情報が含まれることがわかる．

　次に，業種間分析の結果を図8.7と図8.8に示す．それぞれ，接触履歴から生成した地方景況感を用いて分析した結果である．沖縄県において，業種の影響力係数を大きい順に列挙すると，商業（小売業と卸売業），建設業，サービス業，製造業，医療・保健・社会保障・介護（医療介護業），不動産業の並びになる．そして，この並びは景況感変動の分析結果と結びつけて考えることが可能である．上位3つの業種，すなわち商業（小売業と卸売業）と建設業，サービス業は，図8.7の上流に位置する業種と対応している．また，図8.8に示すように，インパルス応答分析においても他業種に対する大きな変動要因になっている．そのような業種の景況感が向上することで，他業種に生産を喚起し，それに伴い他業種の景況感も向上する．この流れは理にかなったものであり，他業種への景況変動要因となる業種は，生産波及効果の高い業種に対応することが確認された．

第9章　金融テキストマイニングの最新動向

　本章では，最新の金融テキストマイニング手法について紹介する．金融テキストを分析する上で，極性分析は重要である．しかしながら，機械学習，特に，深層学習で極性分析をする場合，なぜポジティブと判断されたか理解できなければ，分析結果を顧客に説明することが求められる現場で利用することは難しい．本章では，その問題を解決する，解釈可能なニューラルネットワークモデルを紹介する．さらに，第6章で紹介した因果関係抽出手法を応用し，因果を連鎖させた因果チェーンを構築・検索する研究を紹介する．

9.1　解釈可能なニューラルネットワークモデル

　金融テキストマイニングでは，テキストの特徴と市場動向の関係を分析するために，ニューラルネットワークと呼ばれる手法をよく用いる．しかし，ニューラルネットワークで獲得された関係性は，非常に複雑な数式で表され人間には理解困難である．近年，ニューラルネットワークモデルから人間が理解可能な情報を抽出する手法がいくつか考案されている [71]．その中でも特に，金融単語の極性情報に特化した手法 Importance Infiltration propagation（II）algorithm [72]（以下 "II algorithm"）について紹介する．

9.1.1　II algorithm 概要

　II algorithm による極性情報獲得の概要を述べる．以下の手順により，金融単語の極性情報の獲得が可能である．まず，金融に関連する大量の文書（金融コーパス），およびある程度の量の金融文書とそれに対するポジネガタグのペアを用意する．次に，Word2vec [12, 13] を用いて金融文書に出てくる単語にベクトルを与え，Spherical k-means 法 [73] を用いて，似た意味の単語が同じク

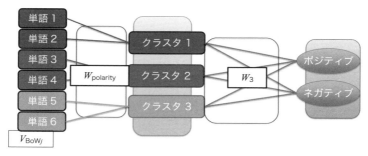

図 9.1 II algorithm で用いられるニューラルネットワークモデル.

ラスタに配置されるようにクラスタリングする. Spherical k-means 法とは, ベクトル間のコサイン類似度を用いた k-means 法である. クラスタリングで得られた単語のクラスタをもとに, 金融文書(具体的には, 文書に含まれる単語の頻度)を入力とし, 入力された文書がポジティブかネガティブなのかを出力とするニューラルネットワークを構築する. 第 2 章で説明した, 金融専門家の手によって作られた極性辞書(例えば, 上昇:0.5, 下落:-0.33 などの, 極性語:極性値の組が登録されている辞書)を, 入力層と第 2 層の間の重み行列の初期値として入れ込んでいる点に特に独自性がある. あらかじめ用意した文書と, その極性のペアを用いて, 誤差逆伝播法によりモデルの学習を行う. この過程で, 辞書に含まれる単語の極性値が極性辞書外の単語にも伝播することが期待できる. 学習後にニューラルネットワークモデルの入力層と第 2 層の間のエッジの値を抽出することで, 極性辞書外単語の極性値を獲得することができる. ここで扱うニューラルネットワークモデルは, 一般的に深層学習(ディープラーニング)と呼ばれる学習手法である. 本モデルを図 9.1 に示す.

9.1.2 ニューラルネットワーク構築手法

II algorithm で用いられるニューラルネットワークモデルは
(1) 入力層が単語,
(2) 2 層目がクラスタの極性情報,
(3) 出力層が文書全体の極性(ポジネガ)情報
を表し, 解釈可能である点に特色がある. このようなモデルを構築するために以下のような工夫を構築時に行っている.

(1) 1層目から2層目にかけてクラスタ毎に分離させる．すなわち，単語 X がクラスタ k に属する場合，X を表す入力層のノードからは k を表す第2層のノードにのみエッジがつながるように構築する．

(2) 1層目と2層目の間のエッジの初期値に極性辞書の極性値を入れる．すなわち，単語 X がクラスタ k に属し，かつ X の極性辞書値が p の場合，X を表す入力層のノードと k を表す第2層のノードの間のエッジの値の初期値を p とする．

9.1.3　II algorithm 極性伝搬条件

まず，ポジティブ単語，ネガティブ単語の集合を閾値 t を用いてそれぞれ

ポジティブ単語集合：{ 単語 X | （単語 X がポジティブ文書に出現する頻度）/（単語 X が文書に出現する頻度）$> t$ },

ネガティブ単語集合：{ 単語 X | （単語 X がネガティブ文書に出現する頻度）/（単語 X が文書に出現する頻度）$> t$ }

と定義する．このとき，以下の条件 A〜D が成り立てば，ポジティブ単語には正の極性値，ネガティブ単語には負の極性値が II algorithm によって与えられることが，理論解析によって保証されている．

A） ポジティブ単語に十分大きい正の極性値，ネガティブ単語に十分小さい負の極性値が付与される．

B） 閾値 t が十分に大きく，クラスタ k 内のポジティブ単語・ネガティブ単語の割合が十分に大きい．

C） 中間層の各ノードについて「ネガティブ」を表すノードにつながるエッジの値が十分に小さく，「ポジティブ」を表すノードにつながるエッジの値が十分に小さくなるように初期値が与えられる．

D） ミニバッチサイズ N が十分に大きい．

本主張は条件 A〜D が成り立つという条件下での誤差逆伝搬の様子を計算して求めることで示すことができる．本主張により，II algorithm が**極性伝搬**の手法として妥当なことが保証される．上記で述べた極性伝搬の手法は，ポジティブな文書によく出現する語はポジティブ語，ネガティブな文書によく出現する語はネガティブ語であるという仮定に基づく方法となっている．このような考え方に基づいた研究としては Sakai and Masuyama [74] があり，そこではナ

イーブベイズに基づく手法で金融文書中の文の極性を判定している.

9.1.4 人工データ・実データによる検証

また,人工データによる実験により,II algorithm はリッジ回帰における重みベクトルを用いた既存手法 [75] と同等かそれ以上の極性付与性能を持つことが検証されている.さらに,トムソン・ロイター社配信のニュース記事および Yahoo! ファイナンス掲示板上の投稿データを用いた実データによる実験により,本手法により構築されるニューラルネットワークモデルが,一般的な文書分類手法である線形 SVM や多層パーセプトロンモデルに比べ,ある程度の予測性能を持ち,表 9.1 のように極性値が与えられることも報告されている.

9.2 第3次 AI ブームと金融テキストマイニング

近年,多くの分野においてビッグデータと人工知能技術の応用が進んでおり,大きな話題となっている.例えば,車両の自動走行や医療の自動診断,人間との対話システムは,人工知能技術によりその能力を大幅に向上させた.少し前まで当分は機械には無理だと思われていた,将棋や囲碁などの知的なゲームの熟達したプレイや,絵画や音楽などの芸術作品の創造までも,人間並みか,場合によっては人間を上回るパフォーマンスでこなすことが可能となった.

第3次ブームと呼ばれる人工知能技術の,多分野における応用の急速な進展の背景には,次の3つの要素がある.最初に,センサや通信・情報処理技術の発展や普及に伴い,いわゆる「ビッグデータ」と呼ばれる,今までよりも大規模で多種類のデータが獲得できるようになったことである.人工知能技術を実社会に応用するためには,大規模な実データの分析が欠かせない.次に,これらの大規模データを分析して,データの中にある有用なパタンを見つけるための機械学習(特に深層学習)の技術が発展したことも,人工知能の発展の大きな要因である.人工知能とは,機械に人間と同じような知能を実現しようとする学問分野である.機械学習は人工知能の基礎技術の1つであり,機械(コンピュータ)を使ってデータから新たな知識やルールを認識し獲得する技術である.近年は深層学習などの発展した機械学習手法の登場により,画像や音声

表 9.1 Yahoo! ファイナンス掲示板データからの経済用語の極性値獲得例 [76].

単語	極性値	
	（伝搬後）	（極性辞書値）
上昇	0.328	(0.5)
反発	0.232	(0.5)
動意	0.297	(0.0)
動き	0.276	(0.0)
急落	−0.525	(0.0)
反転	0.498	(0.0)
下落	−0.655	(−0.333)
下降	−0.818	(−0.333)
急騰	0.184	
下げ	−0.307	
短期間	0.007	
急上昇	0.278	
反騰	−0.015	
上下	0.137	
値動き	0.095	
急降下	−0.411	
上げ	0.017	
調整	0.366	
盛り上がり	0.096	
乱高下	0.081	
上下動	0.333	
上がり	0.208	
リバウンド	−0.240	
上げ過ぎる	−0.160	
暴落	−0.791	
暴騰	0.245	
連騰	0.240	
相場	0.083	
上げ下げ	0.245	

のデータ解析分野では，人間が機械にほとんど前提知識を与えなくとも，大規模データから自動的に有効なパタンを見つけ出せるようになってきた．最後に，大規模なデータを対象としたパタン発見のための高度な計算を高速に実行できる，大規模並列計算機技術の進展がある．

このような技術的・学術的な発展を背景に，多くの分野においてビッグデータと人工知能技術の応用が進んでおり，経済や金融分野もその例外ではない．経済活動は世の中の様々な出来事に関連している．したがって，今この時点で起きている，そして今まで過去に起きてきたあらゆる出来事について，より多く，そして正確に知ることができるなら，将来の経済動向を他人よりも早く高い精度で予測できるはずである．近年の情報通信技術の進歩は，そのような夢のような状態に近づきつつあるのかもしれない．しかし，現時点ではまだまだ，金融分野での応用には，乗り越えなければいけない多くの課題が存在する．

本節では，ビッグデータ解析と人工知能技術の経済実務や金融市場分析への応用の最新事例を概括し，今後のさらなる発展の方向性や克服すべき課題について議論を行う．

9.2.1　人間の2つの思考モード：速い思考と遅い思考

我々は，経済や金融活動を含む様々な日常の社会的場面で，無数の意思決定を行っている．行動経済学と実験経済学という新研究分野の開拓の功績で2002年にノーベル経済学賞を受賞したダニエル・カーネマンは，人間の意思決定には2種類の思考モード（システム）があると提唱している [77]．システム1は直感的で感情的な「速い思考」である．それに対して，システム2とは意識的で論理的な「遅い思考」である．システム1での思考は自動的に高速で働き，意識的な注意や努力はほぼ必要ない．また，自律的であり，自分で思考を制御している感覚は一切ない．システム2での思考は，複雑な計算などの困難な意思決定における，意識された注意を伴う知的活動である．意識的で論理的な自分の認識や主観的経験の感覚と関連付けられる．

人間はこれらの2つのシステムを巧みに使い分けて日常生活を行っている．驚くべきは，自動的で速いシステム1の思考でも，多くの複雑な判断が可能だということである．画像や音声などで恐怖や喜びの感情を呼び起こすとい

う感性的な状況だけではなく，足し算の答えを出したり，簡単な文章を理解したり，周囲の様子から社会的状況の微妙な空気を理解するといった複雑な判断も，システム1の仕事に含まれる．また，専門的な訓練を受ければ，チェスや囲碁の指し手を判断することも，システム1の思考で可能となる．システム2では，システム1で思いついた連想や情報をもとに，意図的に注意しながら論理的に判断する．例えば，ある画像や音声から過去に類似の状況がなかったか記憶をたどることや，他人の行動の裏にある真の意図を類推し，それに対して自分がどう振る舞うのが社会的に適切かを判断することはシステム2の仕事である．経済や金融的な場面でも，システム1とシステム2の両方で意思決定が行われている．例えば，店舗での自分の選択，衝動買い，直感的な経済予測などが，システム1による判断に属する．対して，広範な状況を総合的に考慮して商品や経済活動を選択したり，社会的な状況や因果情報も駆使して将来の経済状況を推測することは，システム2による判断の例である．

人工知能と2つのシステム

人工知能技術は，大きく「記号処理的人工知能」と「非記号処理的人工知能」の2つに分類することができる．記号処理的人工知能では，人間が頭の中に持つ理解可能で意味のある概念やシンボルがあらかじめ機械に与えられ，機械はそれらの記号を処理して知的な振る舞いを行う．数式処理や論理推論によって正確で高度な予測や判断ができる一方，記号で表されていない状況や概念を扱えないという課題がある．それに対して，非記号処理的人工知能とは，記号を明示的に機械に与えず，機械学習やパタン認識と呼ばれる技術を用いて，意味が定義されていない信号を処理して自動的に判断や分析を行うルールを獲得する技術である．昨今の発展著しい深層学習は，非記号処理的人工知能に分類される．人間が明確に概念やシンボルの定義を与えなくても，膨大なデータから，自動的に有用で正確なパタンを様々な場面で発見できるようになってきた．

ところが，深層学習研究の第一人者の1人であるヨシュア・ベンジオは，現在の機械学習は進歩したが，人間の知能レベルにはほど遠いと講演で話した [78]．現在の深層学習はシステム1のような自動認識は得意であるが，システム2の高度な思考レベルにはまだ達していないとしている．システム1

からシステム 2 に移行するために機械学習が獲得しなければならない技術的な挑戦として，高いレベルの意味表現，統合力(既存の概念やルールを組み合わせる力)，因果関係の表現の 3 つを挙げている．従って，現在の人工知能技術においては，深層学習を含む非記号処理的人工知能が経済金融分野でのシステム 1 (速い思考)を支援し，人間が介在する記号処理的人工知能はシステム 2 (遅い思考)を支援することが中心となっている．以降では，人工知能技術による経済金融分野での応用例を，上記の 2 つに分けて紹介する．

9.2.2 人工知能の経済金融分野での応用

　経済金融分野での分析に人工知能技術を応用した事例として，衛星画像データを分析し，原油需要や農作物生産に関する情報を即時に提供する民間サービスや，Twitter のテキストデータが株価の予想に有効であるとの実証研究，市場参加者によるテキストデータ分析の利用の広がりを紹介する．

システム 1 での応用例

　人工知能技術を用いることで，経済金融分野での速い思考(システム 1)による判断のどこがよくなったのだろうか．それは，従来は金融・マーケット解析に使われていなかった新しいデータ，つまりテキストデータを含むオルタナティブデータを，分析に取り込めるようになったことが一番大きい．

　資産運用の分野ではもともと，クオンツ分析など，定量的なデータを統計的に解析する試みが普及していたので，人工知能技術の中でも機械学習の手法との相性が良い．そこで，大規模データの獲得と解析技術の高度化により，金融市場分析や資産運用分野において「分析対象の拡張」が可能となった．分析対象の拡張とは，今までのクオンツ分析では取り扱えなかった新たなタイプのデータを，人工知能技術により市場分析に利用することができるようになったことである．例えば，画像や音声，言語など，非構造化データと呼ばれる，今までの数値データとは異なる種類のデータを用いた市場分析に，機械学習技術が応用されている．また，数値データでも，今までとは規模が格段に違うテラバイト級やペタバイト級の膨大な金融データを，高速に自動解析することもできる．

　すでに，人工知能を用いて大規模データを活用する技術は，実際の資産運用

の現場で，様々な形でサービスとして導入され始めている．これらのデータ活用技術を利用して資産運用していることをアピールしている金融機関もかなり登場している．今までに使われていなかったような新しいタイプのデータを人工知能技術で分析して得た新たな情報を，金融機関や個人投資家に対して提供するサービスを行う情報ベンダーも出現している．

　センサ技術とデータ解析技術の進歩が資産運用分野にもたらした恩恵として最初に挙げられるのが，画像や音声，またはそれらを合わせた動画データの分析が可能となった点である．以下では，人工衛星から撮影した画像を解析して市場分析するサービスを紹介する．

　現在，地球の軌道上には4400機以上の人工衛星が存在している [79]．人工衛星が地表をとらえた画像には，地上の数十 cm 四方の大きさまで観測できる解像度を持つものもある．複数の人工衛星が撮影した画像を集めることによって，地球上のほぼ全域について，1日数回以上の画像を定期的に取得することができる．2014年の米国の規制緩和により，このような高解像度の衛星画像を，様々な目的で一般企業が利用することが可能となった．例えば，グーグル社は，デジタルグローブ社から購入した高解像度の衛星画像を，グーグルマップの地図サービスに使っている．他にも，災害復旧や都市計画，資源探索，航路探索，自然観測などでの商用利用が進んでいる．

　当然，金融市場の分析にこれらの衛星画像を用いるサービスも商用化されている．例えば，米国のオービタルインサイト社[1]は，複数の会社から衛星画像を購入している．そしてこれらの衛星画像から世界中の石油タンクが写った画像を解析し，特定地域の石油貯蔵量を推定して石油市場の動向を予測するサービスを行っている．衛星画像の分析の際には，機械学習による画像解析技術を用いて，石油タンクの識別をしている．さらに，石油タンクの浮き屋根の影の変化を検出し，タンクに備蓄されている石油の量の推定を行っている．これにより，貯蔵量の正確な統計値が入手困難な地域でも，信頼性の高い石油在庫の推定値を得ることができる．この推定値の情報を毎日，投資会社やヘッジファンドなどの顧客に提供している．他にも，衛星画像から車両の識別を行い，大型商業施設に来ている顧客の車の駐車数の時系列変化を推定している．これに

1　Orbital Insight（https://orbitalinsight.com/）.

より，顧客の消費行動の変化を分析し指標化を行っている．その他にも，水資源の貯蔵量の変化や干ばつ状況を把握して通知するサービスなども手掛けている．また，同じ米国のテルアス・ラボ社[2]は，米国海洋大気庁からの気象データや米国農務省からの季節の作物の生長情報と一緒に高解像度の衛星画像を分析して，特定地域の農業生産を予測し，先物市場分析のための情報を提供するサービスを行っている．画像から収穫量の予測をする際に，機械学習のアルゴリズムが使われている．

　画像以外の新たなタイプのデータの分析では，特にテキスト情報の解析による市場分析（金融テキストマイニング）が 1990 年代後半から始まった [1]．初期の金融テキストマイニングは新聞記事やニュース記事を対象とした分析が多かったが，ソーシャルメディアの普及に伴い，2000 年代からは Twitter やブログ等のテキストデータを金融市場予測に用いる研究も増加してきた．例えば，Bollen ら [23] は，2008 年 2 月 28 日から 11 月 28 日の 985 万 3498 個のTwitter データを分析し，米国のダウ・ジョーンズ工業株価平均との関係性を調べた．「楽しい」「悲しい」等のユーザの心理状態に関連する表現の出現頻度に着目して分析したところ，翌日の平均株価の騰落の方向性を 86.7 ％ の精度で予測でき，テキストマイニングが株価動向の予想に有効であるとの実証分析結果を得た．

　現在，これらの金融テキストマイニング技術を実際の資産運用に用いている運用会社や，中央銀行や企業の公表したテキストを定量化する民間サービスも数多く存在する．既存の情報配信会社も人工知能技術によるニュース解析を行っており，様々なベンチャー企業もこの分野で立ち上がっている．例えば，Prattle 社[3]は，米国や日本をはじめとした各国の中央銀行の発行物をテキストマイニングし，その極性をリアルタイムに配信するサービスを行っている．発行物ごと，要人の発言ごとに機械学習の手法で極性を計算し，その移動平均をスコアとして算出している．他にも Insight360[4]というサービスでは，企業に関するテキストデータや数値データ等を入手し，ESG（Environment, Social,

---

2　Tellus Labs は 2018 年に Indigo Ag. Inc. に買収された．https://www.indigoag.com/atlas-insights

3　Prattle（https://prattle.co/）．

4　https://www.truvaluelabs.com/esg-investing

Governance）に関する 14 のトピックの指数を生成している．今までは，企業の ESG 評価は人が行っていたため，バイアスが含まれていたが，大量のデータをもとに評価することで客観性を担保することを目指している．

このように，大規模データを人工知能技術によって解析し，資産運用や市場分析をサポートすることをビジネスとする会社が，これからも多く登場してくるだろう．

システム 2 での応用例

上述のように，人工知能技術のファイナンス分野への応用により，システム 1 のレベルの判断支援は急速に進歩してきた．しかし，本分野での応用にはシステム 2 での支援が必要である．システム 1 だけでの支援の問題点を明らかにする出来事として，2013 年の Twitter クラッシュ事件がある．2013 年 4 月 23 日午後にダウ工業株 30 種平均指数が突然 140 ドル以上急落し，米国株式市場が大混乱となった [80]．原因は，通信社の Twitter アカウントから流された偽のテロ情報だと見なされている．偽ニュースに含まれていた「ホワイトハウスで爆発」「大統領が負傷」といったキーワードに，自動売買プログラムが反応してしまった．金融テキストマイニング技術は 1990 年代から金融市場で普及してきたが，その初期には，人間が与えた特定のキーワードがニュースに現れたら決められた取引を行う，単純なキーワードマッチ型の技術が使われていたため，上述の偽ニュースに簡単にだまされてしまったのである．記号処理的人工知能技術，特に機械学習は，過去の大量のデータに照らし合わせ，現在の状態と似た過去の状況を見つけ出して，将来動向を推定することは得意である．しかし機械には，大所高所に立って自分の推定結果が有効かどうかを判断することは苦手である．特定の情報による推定だけでなく，一般常識や多様な情報との一貫性の確認，他の人たちや世の中の反応のチェックなどもできれば，上述の偽ニュースにだまされることはなかったかもしれない．

システム 1 からシステム 2 への発展のために必要な技術項目の 1 つが，経済的因果の分析である．機械学習を用いた分析結果はあくまでデータの相関関係に基づくものであり，背後にある経済メカニズム，因果関係については示していない．例えば，太陽の黒点が多いときにたまたま株価が上昇していれば，「相関あり」と出てしまう．人間であれば「黒点の増加と株価上昇には科学的

に因果関係はない」と判断できる．データから因果をどのようにして抽出する
のかは課題であり，現在この研究は人工知能分野での研究トレンドになってい
る．ある経済事象が別の経済事象にどのように波及し，インパクトを与えるの
か，因果関係のネットワークを構築したい．因果関係の説明なしには，分析結
果に納得することはできないからである．

第7章で紹介したように，和泉らは決算短信テキストから抽出した因果関
係を検索する手法を開発し，デモンストレーションを研究室のウェブサイト
(http://socsim.t.u-tokyo.ac.jp)で公開しているので，関心のある方は見
てほしい [56]．例えば，オリンピックの経済効果が知りたいとする．項目にオ
リンピックの経済効果と入力し，「結果を検索」すると，オリンピックの経済
効果が原因となって IT 投資需要が増大する，資材が高騰するなどの結果が表
示される．これらの結果は，決算短信をベースにしている．「ゴルフがオリン
ピックで正式種目に採用」が「ゴルフ業界の活性化」をもたらすといった具合
である．具体的な銘柄名も表示される．テキストデータから検索する仕組みを
持っているからだ．さらに，「オリンピックの経済効果で資材が高騰する」を
原因として，「採算管理が厳しくなる」「営業損失が発生する」などの結果を示
すこともできる．

こうした研究は，将来的にどのような利用が期待できるのだろうか．一般の
投資家にとってわかりにくいマーケット・レポートやニュース内容について，
背景にある情報をこのような検索システムで補足することが考えられる．例え
ば「少子高齢化」というテーマについて，どのような原因でどのようなことが
起きて，具体的にはこうした銘柄が関連する，といった波及効果を示すことが
できる．双方向の質問応答システムにも応用できそうである．個人投資家の質
問に，自動応答システムが対応する．金融の専門家向けにはレポートの作成支
援，営業支援といった応用が考えられる．技術的な因果関係も分析の対象とな
り得る．例えばある特許にどのような経済効果があるかなど，技術文書と経済
文書を併せて分析することが可能である．また，社内にある文書から抽出した
因果データベースを，将来的な相場見通しに役立てるといった活用も考えられ
る．

9.2.3 金融データマイニングの問題点

本節では，金融テキストマイニングを含むデータマイニング技術を経済金融分野へ応用する課題として，問題設定の評価・推定結果の透明性・他者の反応の推定の3点について論じる．

問題設定の評価

先述のように，車両の自動走行や医療の自動診断，将棋や囲碁のプレイなど，少し前まで当分は機械には無理だと思われていた分野でも，機械が人間並みか，場合によっては人間を上回るパフォーマンスでこなすことが可能となった．しかし，これらは全て，最初の問題設定が人間から与えられている．決められた環境と判断材料の中で，機械はその問題設定に特化した最良と思われるパタンを見つけ出している．例えば将棋や囲碁の学習では，行動の選択肢（駒の動かし方や石の置き方）や評価方法（王を取られたら負け，相手より陣地を多く囲った方が勝ち），参照すべきデータ（過去の棋譜データ）などはあらかじめ人間が決定している．機械は，どのような行動があり得るのか，この評価自体が間違っていないか，どのデータを参照すべきかという，問題設定自体に関わる根本的な問題には悩まないですむ．

それに対して金融市場では，市場参加者がある情報を参照して行動し，その行動が金融市場に影響を与え得るならば，それこそ世の中の全ての事柄が関わり得る．太陽の黒点の数に関するデータも金融市場分析に使うべきかなど，参照するデータとしないデータの線引きを判断していかなければいけない．また，取引戦略は常に進化しているので，行動の選択肢も常に新しいものが出てくる．場合によっては，自分自身で新たな取引戦略を開発することもあり得る．さらに，自分が選択した行動についても，その後の金融市場の変動によって，自分で善し悪しを判断しなければいけないこともある．例えば，その時々の経済的な状況によって，リターンを重視すべきかリスクを重視すべきか，短期的な利得を重視すべきか長期的な利得を重視すべきかなどを自分で判断しないといけない．時には，過去データにない未知の状況も想定して，問題設定をしなければならない [81]．

このような問題設定の根本的な課題や，あらゆる出来事に関わる一般的な問題を解くことは，現時点では人間の方が機械よりもはるかに優れている．おそ

らく人間は，それまでの様々な社会的な実体験に基づいた「一般常識」や「ひらめき」を使って，この手の問題を解いている．金融市場分析での機械と人間の当面の役割分担は，人間がまず関係のありそうなデータの範囲や目標を示し，そこから機械学習によるデータ解析を用いて，有効そうなパタンの候補を機械に挙げてもらい，機械が提示した候補をどう評価して，実際の行動に使うのかを人間が判断するという形になる．さらに，自分が持っている過去データになかったような新しいイベントや急激な変化が発生した場合は，人間の常識や直観による大局的な判断が求められる．

推定結果の透明性

適切な問題設定ができて機械が何らかの予測結果を出力したとしたら，予測結果の評価を行わなければいけない．結果の有用性と信頼性の評価は，過去データによるバックテストだけでは不十分である．たとえ過去データに良くフィットしていても，将来の運用である日突然予測精度が低下したりしないかを調べる必要がある．または，複数の手法による市場予測を行い，過去データのバックテストで同等の精度を示した場合に，どちらの手法を使えばよいかという判断も必要になることがある．

線形回帰などの伝統的な統計解析ならば，データのどの要素がどう作用して，このような予測結果となったのかという予測の根拠やプロセスが人間にも理解可能である．ある要素のこれからの動向が不明確な時期であれば，その要素が作用して出た予測結果の信頼性は低くなるだろう．逆に，ある要素の動向が確実にわかっている場合には，その要素を重要視した予測結果の信頼性は高い．予測のプロセスが人間にも理解可能な場合は，このような判断が可能である．しかし，深層学習などの高度な手法によって学習した結果の中身は，複雑すぎて，人間には理解できないブラックボックスになってしまうことが多い．外れるにしろ当たるにしろ，その理由がわからない手法に，実際の資産運用を全て任せることは無理であろう．

機械学習によるデータ解析の結果を人間に理解可能なようにするための技術的な試みは，いくつか行われている．例えば，ある機械学習手法によって得られた結果を，別の機械学習手法により人間に理解しやすいような形に変換することを学習する研究(転移学習)がある．他にも，学習結果が人間に理解しやす

く，しかも予測精度ができるだけ落ちないように，機械学習手法に制限を加える方法も研究されている．また，与えるデータの種類を変えながら，別々の機械学習手法で分析を行って，それぞれの結果を総合して予測するという手法も研究されている．例えば金融市場では，マクロ経済指標などの長期的な市場動向に影響を与えそうなデータを用いた学習の結果と，日中価格などの短期的な動向に影響を与えそうなデータによる学習結果を合わせて，どういった状況では長期要因による予測結果を重要視して，どの状況では短期要因による予測結果を重要視するかという切り替えを学習する，メタなレベルの解析も行うことなどが考えられる．このような複数データ分析の統合によって，その時々の相場を支配している式を推定して，それぞれの学習結果の信頼性を判断していくこともこれからの挑戦として必要である．

他者の反応の推定

　金融市場のデータ分析で一番の難しい問題は，金融市場の構成要素である市場参加者個人の行動がすでに複雑であり，物理現象における粒子や流体のような基本方程式がないことである．金融市場でのトレードや商品の購入などの一般の経済社会的行動について，すべての人々の行動を普遍的に説明し，予測できる行動原理はない．もしそのような普遍的な行動原理が存在したとしても，今のところは解明されていない．これが，物理学や化学などの自然科学的現象と，人間行動が絡む経済社会現象との一番の大きな違いである．自然科学的現象には，その現象を構成する要素の挙動を支配している基本方程式が解明されている場合が多い．基本方程式を用いれば，構成要素の挙動は安定して正確に説明できる．また，その要素が構成する現象全体の振る舞いも，基本方程式の合成によりある程度予測できる．そのため，分析したい自然科学的現象について，たとえ過去に同じ状況や条件がないとしても，その状況でその現象がどのように振る舞う可能性があるかを，既存のデータを基にして推定することができる．つまり，未知の状況に対して外挿予測ができるのである．これに対して金融市場では，未だ起きていない状況が持つ特徴を，過去のある程度類似した状況から基本方程式によって予想することが困難であり，全て未知の状況になってしまう．しかも，市場参加者は知能を持っており，状況を見ながら行動ルールを自分で変えてしまう．

金融市場の分析が難しい2つ目の理由は，構成要素である市場参加者の挙動が均質でないことである．たとえ市場参加者の行動原理が単純な状況だったとしても，各個人が持っている取引や予測のルールはそれぞれ異なっているだろう．そのため，金融市場全体の振る舞いを決定する条件も膨大な数になる．様々な状況に関してデータを大規模に集めようとしても，全ての状況をデータで網羅することは不可能である．そのため，過去データにない未知の状況が数多く存在することになる．

金融市場の分析が難しい3つ目の原因は，ミクロ・マクロループの存在である [81]．たとえ市場参加者個人（ミクロ）の行動原理が単純で，かつ市場全体で均質だとしても，個人の行動が他の個人の行動と相互に影響しあっていると，金融市場全体（マクロ）の振る舞いは複雑で予想できないものになり得る．そのため，金融市場の状況は多様になり，過去データの解析だけではカバーできない新たな状況が将来発生する可能性は常にある．

9.2.4 経済理論とデータマイニングの融合による問題の克服

前節で挙げた問題設定の評価・推定結果の透明性・他者の反応の推定に関する課題を，経済理論とデータマイニング技術との融合により克服しようとする研究が最近いくつか見られる．そうした研究を本節で紹介する．

金融分野のデータマイニングには大きな問題が存在する．一般に機械学習が使われる分野では，データのサイズが非常に大きい．画像データであれば数十億，数千億以上のデータがあるのが当たり前である．それと比較すると，金融のテキストは数千程度にすぎず，データの量が非常に少ない．非常に少ないデータで学習すると，過学習（オーバーラーニング）と呼ばれる問題が起きてしまう．過去のデータだけに最適化し，将来の予測に使えない学習になる危険性がある．AIを運用に活用した投信の成績が振るわないことがあるのも，過学習の問題が影響していると思われる．これについては，日本経済新聞の記事の中でも，「過去のデータを基に投資判断するAIが，過去にない性質の相場環境の大きな変化にうまく対応できなかったのではないか」[82] と，過去のスモールデータを過剰に学習した可能性が指摘されている．

人間であれば少ないデータからも学習できるが，機械にはそれができない．金融市場では，過去のデータから学習したルールがすぐに使えなくなる．人間

であれば，相場の潮目を判断することができる．例えば米国の大統領選挙でトランプ氏が当選したケースでは，これで潮目が変わると人間は判断できるが，機械は過去のデータだけに基づくのでオーバーフィットする．金融データには他にもいくつかの問題点がある．画像やデジタルデータに比べて，ノイズが多い．また安定しておらず非定常であり，因果関係を特定しにくい．こうした金融データから何とか使える知識を学習できるような技術を探求した結果，いくつか有効な手法が見つかっている．以下では，データ拡張，マルチタスク学習，人工市場シミュレーションを紹介したい．

データ拡張

　データ拡張(data augmentation)は，もともと画像の分野で用いられていた．例えば猫の顔を学習させるとき，猫の顔の画像サンプルが少ない場合は，もともとの写真を回転させたり，顔を膨らませたり，色を変えたりして，データの数を水増しし，それを機械学習させるのである．データを水増ししても，耳，ひげ，丸い頭といった猫の特徴は変わらず，水増ししたサンプルからも猫の顔は学習できる．これが画像分野で用いられてきたデータ拡張である．同じことを金融データで行うことは難しい．チャートをひっくり返したり，数値データを入れ替えたりした結果を学習データにすることはできない．データ拡張を金融データに採用するには工夫が必要である．参考になりそうなのが，著名なグーグルの囲碁プログラムの AlphaGo である [83]．AlphaGo では，まず過去の人間の棋譜でデータを深層学習させた．棋譜データは極めて規模の小さいデータであり，プロの対戦記録を集めても数千にしかならない．グーグルはここでデータ拡張を用いた．コンピュータ同士で自己対戦をさせ，棋譜のデータを増やしたのである．コンピュータ同士で飽きることなく猛スピードでデータを増やし，よりよい打ち手となるよう学習させた．まず人間の棋譜データから定石を覚えさせ，それを覚えたコンピュータ同士で自己対戦させデータを拡張させて強くなった囲碁コンピュータが，人間の囲碁チャンピオンに勝ったのである．

　これと同じことを金融分野で試みた取り組みとして，シミュレーションを使って金融データを拡張した研究を紹介する [84]．まず過去の価格を用いて，ニューラルネットワークで将来の投資行動を深層学習させる．次に過去データを

学習したプログラムを取引プログラムに参加させるのである．シミュレーションの中で取引をし，価格が動くような仕組みを設け，自ら予測して自動取引をするプログラム同士のいわば自己対戦である．シミュレーションの中では，乱数を変えることによっていろいろな市場の局面を作ることができる．上昇するもの，途中でクラッシュするものなど，ある銘柄が，学習したある時期にたまたま上昇してその時だけ強かったということでなく，様々な局面で上昇する条件を学習することができる．学習結果を見ると，シミュレーションを実施した方が，実施しない場合よりも過学習の問題が少なかった．また機械学習を行わずに過去の株価のデータを統計的に分析するチャート分析よりも，深層学習モデルの方が好成績であった．

マルチタスク学習

　小規模データの過学習に対応するもう1つの手法は，**マルチタスク学習**である．マルチタスク学習を金融データマイニングに応用した塩野らの研究を紹介する [85]．

　過去の株価を使って将来のリターンを予測するニューラルネットワークを用いたが，学習したのが小規模データだったため，上昇局面・下落局面の特性が強く出て将来予測に使えなかった．この過学習を避けるため，塩野らはマルチタスク学習を採用した．メインのタスクは株価であるが，サブタスクとしてマクロ経済学の動的一般均衡（DSGE）モデルを導入した．株価に直接関係のない金利や経済指標を入れることで予測精度は下がりそうだが，メインタスク単独の場合よりもむしろ予測誤差は減少した．マクロ経済指標を同時に予測することで，ニューラルネットワークが株価と同時に環境を学習するロバスト（頑健）なパタンを学習するようになったことが，予測誤差の減少につながったのだろう．ただ経済指標を導入したのではなく，一般均衡モデルを用いている点が重要である．単なる数値でなく経済理論の枠組みの中でデータを学習させたことが，予測誤差の減少につながったと見られる．先ほどのデータ拡張でも，経済理論に基づいて水増しデータを作り，それを学習するデータに入れて学習させると，将来の予測精度が上がることがわかっている．単にデータを覚えさせるのでなく，理論的枠組みを入れて学習させた方が，ロバストな結果が得られるのである．

人工市場シミュレーション

　先述のように，人間の囲碁のチャンピオンに勝ったプログラムは，過去の対戦記録からの機械学習だけではなく，プログラム同士の対戦（自己対戦）からも学習を行っていた [83]．プログラム同士の自己対戦によって，過去データにない新たな状況での他者の反応も知ることができる．このような自己対戦による学習を金融市場分析に用いる研究も発展してきている．

　複数のプログラム同士の対戦を用いた，自己対戦型の学習を紹介する．多数のプログラムを市場参加者とする仮想的な**人工市場**を用いることが有効である．たとえば，複数の機械学習プログラム同士で取引を行い，金融資産価格が変動するプロセスをシミュレートする研究が行われている [86]．この人工市場シミュレーション研究は，複数の知能の相互作用により生じる複雑な市場現象を機械に再現させる試みであり，社会的状況における人工知能プログラムの振る舞いを分析する試みでもある．成果の1つとして，人工市場シミュレーションに自動売買プログラムを参加させ，取引アルゴリズムの評価を行っている．これにより，過去データに現れないような多様な市場環境でのテストを行うことができる．他にも，人工市場シミュレーションを用いた，現実の金融市場の制度検証もなされている [87]．これは東京証券取引所との共同研究で，シミュレーションと実データ分析により，ティックサイズ（注文価格の最小単位）変更の際の方針決定に貢献した．

9.2.5　機械学習・データマイニング技術のコモディティ化

　最近は，データマイニングや機械学習の技術を金融実務の現場で応用する上での実際的な問題点も克服されつつある．現場では，機械学習を使って金融データを分析する取り組みも進んできたが，技術導入のハードルの高さが今，改めて認識されている．「うちの会社でも」と思い立っても，難しいプログラミング言語を覚え，膨大なデータを用意しなければならず，高性能で特殊な計算機を使って長時間計算する必要があるからだ．確かに，これまでの深層学習には，特殊な技術を持ったデータサイエンティストでなければ難しいイメージがある．しかし最近，トレンドは変わりつつある．人工知能技術のコモディティ化（日用品化）である．10年後，深層学習などの技術は Excel 並みに普及しているであろう．その第一歩が始まりつつある．かつて，大規模データに対して

深層学習を実施するには，非常に特殊なプログラミング言語の習得が必要であった．しかし現在，そのハードルは急速に低下している．Excel 並みの手軽さで深層学習が可能になってきた．場合によっては全自動で機械学習ができるようなプラットフォームさえ登場しているのだ．

　機械学習を自動的にしてくれるツールを用いた機械学習は，非常に簡単である．入力するデータは数値でも画像でもよく，前処理などもセットの中から選ぶことができる．予測したい対象を指定し，順を追って処理を選ぶと，ニューラルネットワークがグラフィカルに作成できる．学習を積み重ねるにつれエラーが減っていく．さらにこうしたツールが優れているところは，ニューラルネットワークの構造を全自動で探索してくれる点である．ユーザにとって最適なネットワークを自動的に構築してくれるのだ．プログラミング言語を使えなくても，機械学習ができる状況が到来していると言える．

　前述の機械学習ツールは数値データの分析に優れるが，テキストマイニングに関しては，数値データのようには自動化できていない．しかし，テキストマイニングに関しても，半自動化できるツールが登場している．最近発表されたグーグルの汎用言語表現モデル，**BERT** である [88]．BERT を使えば，高性能計算機で長時間かけて行う膨大なテキストマイニングの結果だけをダウンロードすることができる．テキストマイニングで難しいのは，言語情報から——例えばある単語の出現回数から——何をもって，入力する数値データにするのかということである．例えば経済分析において「おなかすいた」といった単語は不必要だが，「新商品」「売上」といった単語は必要である．どの単語が不要で，どの単語が重要なのか，重要とした単語をどのように数値化するのか，との問いに答えるのは難しい．価格データは数値化されているので楽である．

　テキストを数値に変換するとき，これまでは Bag-of-words（第 2 章参照）という単純な手法を用いていた．これは，"Japan's economic growth has been sluggish" という文を例にとると，文の構造は無視して，袋の中に入れた "Japan"，"Economic"，"Sluggish" といった単語だけを数える方法である．例えば，Twitter や Bloomberg などの大規模なテキストにおいて，"Japan" などの単語が何回出現したかを数えるのである．このようにして地道にテキストを数値化するのが，従来の主な手法であった．「上昇」「成長」といった言葉が多ければ，関連した株式が上昇すると予測する，といった具合である．ところが，

Bag-of-words は文の構造を無視するので，「業績予想を上方修正する．役員の交代はない」と「業績予想の上方修正はない．役員の交代をする」の違いがわからない．また，類語がわからない．「総理大臣」が「首相」「総理」と同じだとわからず，それぞれ別の人物の発言と判断してしまうのだ．

　この問題をクリアするのが，グーグルの BERT である．テクニカルな話なので詳細は省くが，BERT はセンテンス，パラグラフといった一連の意味ある単語列をベクトルとして表現する．意味が近い表現が近い値になるようなベクトルに変換する．BERT はフリーでダウンロードできる．京都大学の黒橋禎夫氏らが日本語ウィキペディアを使った変換プログラムを制作し，日本語のモデルを公開している[5]．そこでは 1800 万文を分析し，GPU（高速並列マシン）を使用して約 30 日間を要した結果が公開されている．テキストマイニングの垣根が低くなっていると実感する事例である．

　BERT を用いて株式のリターンや株価を予測したらどうなるだろうか．2019 年にいくつか論文が出されているので，1 つ紹介しよう．Hiew ら [89] は中国の Twitter である Weibo を対象に，3 つの銘柄に関する書き込みを，中国語版 BERT を使って入力し，株価予測を試みた．結果は期待に沿ったものではなかった．残念ながら，ベースライン（常にリターンゼロ）よりも BERT を使って機械学習した内容の方が，予測誤差が大きかったのだ．BERT を株価予測に利用するには，まだ工夫が必要のようである．深層学習の敷居が低くなり，今度は上手なファインチューニングが必要となってきた．株価との関連をうまく処理できれば，株価予測や資産運用において深層学習の精度をもっと上げられるかもしれない．

　他にも，9.1 節で紹介した金融専門の極性辞書も，金融テキストマイニング技術の公開やツール化の流れの 1 つである．和泉らの研究室のウェブサイト（http://socsim.t.u-tokyo.ac.jp）で，約 2 万語の金融・経済に関係する単語について，ポジティブスコア，ネガティブスコアを付けたリストを公開している．スコアは，機械学習を使って計算した．例えば「人件費削減」といった単語は，株価変動に関してポジティブな語で，「人手不足」「価格競争」などは，金融の世界ではネガティブな単語である．こうしたことを学習しスコア付

5　http://nlp.ist.i.kyoto-u.ac.jp/index.php?BERT日本語Pretrainedモデル

けしたリストをダウンロードして利用できるようにしている．この極性辞書を作成するためにニューラルネットワークを使って，過去10年分の経済ニュース記事から翌日の日経平均株価のリターンの予測を試みた．各単語のポジティブまたはネガティブな効果を学習する手法を開発し，その結果，2万語のスコアができた．このスコアを用いて，非常に単純な方法で株価予測を試みた．利用したのはアナリストレポートである．アナリストレポートのテキストを入力し，ニュース記事の機械学習から導き出したポジティブスコアまたはネガティブスコアの付いた2万語が，そのテキストに含まれるか否かをチェックした．こうして算出したレポートのポジティブスコアとネガティブスコアを平均した値と，2週間後の同じ銘柄のリターンとの相関を調べた．単語の数を数えるだけなので，非常に単純な手法であるが，2週間後に株価が上昇した銘柄のうち，74%をこの手法で当てることができた．一方，金融専門の極性辞書でなく，一般的な極性辞書を用いた場合の株価変動予測は，株価上昇を1%しか当てることができなかった．

9.2.6　まとめ

　本章では，金融テキストマイニングを含むデータマイニング技術の，金融分野での最新の潮流を紹介した．コモディティ化が進み，データサイエンティストなしでも現場で機械学習が使える状況が到来している．自ら長時間計算しなくても，学習済みの結果をダウンロードするだけで使用できるようになりつつあるのだ．とはいえ，経済・金融データは規模が小さいので，過学習に対応する必要がある．データ拡張，あるいは経済理論を導入したマルチタスクなどの手法が考案されている．さらに，数値データだけではわからない因果関係を探る分析も始まっている．

　このまま金融市場でのデータ活用が高度化していくと，「データに語らせる」という立場で，データを適切に分析すれば，資産運用や金融実務に必要な事実が自ずと明らかになるのだろうか．そして，金融市場の分析は，人間の思考や洞察力に頼らなくても済むようになるのだろうか．筆者らは，そのようなことは少なくともここ数十年では起こりえないと考える．機械によるデータ解析には，現在どうしても人間の能力にはかなわない点がいくつかある．そのため，しばらくは人間に取って代わるものではなく，人間の能力を増大させる道具と

して活用されることになるだろう.

現状では, 全ての状況で勝てるような万能なデータ解析プログラムを構築することは難しい. 機械学習を始めとする人工知能技術は, 状況変化が少ない目先の予測は得意であり, スピードの面で人間では太刀打ちできない. しかし, 経済構造の変化を含む長期的な市場分析や, 政治状況や世界情勢の変化に起因する, 今までにないような新しいマクロ的な環境での市場予測は, 現在の人工知能技術には困難である. 囲碁や将棋のように未来永劫ルールが変わらない世界では, 人工知能が人間よりも優位であるかもしれないが, 金融市場のようにその時々の様々な社会的要因に応じてルールが変化していく世界では, まだまだ人間にしかできない作業は残されている.

今後の金融データ解析の発展の可能性としては, まず複数のデータ解析プログラムを適切に組み合わせる手法が考えられる. 例えば, ティックデータなどを用いた短期的な注文の動向分析と, 経済ニュースのテキストデータ分析によるイベントの影響分析, マクロ経済指標を用いた長期的な経済動向分析などのように, 予測期間の長さや予測対象(相場そのもの, 相場を取り巻く経済環境など)に違いのある様々なモデルを, データ解析によって構築する. さらにそれらのモデル同士の関係性を, データに基づいて学習していくような手法が有望である. 現在, 機械学習によるデータ解析が苦手としている金融分野の常識の獲得を, 大規模なデータの解析と人間の判断モデルの統合によって改良していくことも考えられる. そして, 複数知能の相互作用により, 金融市場全体の挙動を再現するような試みも期待される.

これからの資産運用業務は, 機械ができる範囲の作業(定型的な分析)は機械に任せて, 機械ができない範囲の作業(長期予測, 転換点での予測)を人間が, 自分の能力を活かしてじっくりと行うことになるだろう. 人工知能技術をツールとして使いこなして, 人間にしかできない課題に対して自分の能力を拡張して取り組んでいくことが, これからの資産運用に求められていく.

このような新たな金融データ解析を含むフィンテック分野では, 残念ながら日本は現在, 世界的に見て, 少し立ち後れている状況である. イギリス大蔵省が世界の複数の国々のフィンテックの現状と将来について, 政策面・人材育成・技術面等から国際比較をしたレポートでは, 日本は比較対象にも入っていない [90]. 例えば, 英国のシティでは, 世界のフィンテックの中心地になるこ

とを目標に，官民を挙げて様々な取り組みをしている．制度上の支援や環境整備の他に，金融実務家と大学などが協力してフィンテック人材を育成するために，フィンテック・ハッカソン（フィンテック関連のプログラム開発イベント）などの様々なイベントを行っている．シンガポールでも金融管理局が中心となって，様々な金融機関や IT 企業と，シンガポール経営大学やシンガポール国立大学などのアカデミアを含む国中の機関を協力させ，金融サービスにおけるテクノロジー活用の促進を進めている．

　前述のように，日本のフィンテック分野での潜在能力は非常に高い．必要なのは，金融（finance）と情報技術（technology）をつなげる場と人材である．残念ながら，いわゆる文系と理系に分かれた長年の教育により，日本で金融分野と情報技術分野の間にある壁は高くなっている．お互いの分野で活躍する人材の間で，考え方や習慣，価値観や文化も異なっている．そのような壁を取り払っていくためにまず必要なことは，大がかりなことでなくてもよいので，両分野の連携によって実務的な成功例を増やしていくことである．そうすれば，一緒に仕事をすることがお互いに必要となり，連携する機会がますます増えていくだろう．そうすれば，情報通信分野と金融分野をつなげる人材を育成する場や，様々な立場の人たちがオープンに協力する機会も構築されていく．本書で紹介した様々な事例は，そのようなきっかけとなる可能性を含んでおり，これからの発展も大いに期待できると考えている．

参考文献

[1] 和泉潔・他（2013）英文経済レポートのテキストマイニングと長期市場分析．日本金融・証券計量・工学学会（編）実証ファイナンスとクオンツ運用（ジャフィージャーナル）．朝倉書店，pp. 12-31.

[2] 坂地泰紀・他（2013）企業業績発表記事からの因果関係抽出．第 11 回人工知能学会 金融情報学研究会，pp. 37-43.

[3] 和泉潔・坂地泰紀（2019）経済因果チェーン検索のシステム紹介と応用．第 33 回人工知能学会全国大会．

[4] 和泉潔・坂地泰紀（2020）経済因果チェーン検索システムの構築と応用．第 24 回人工知能学会 金融情報学研究会資料．

[5] 余野京登・和泉潔（2017）金融レポート、およびマクロ経済指数によるリアルタイム日銀センチメントの予測．第 31 回人工知能学会全国大会．

[6] 和泉潔・他（2017）金融テキストマイニングの最新技術動向．証券アナリストジャーナル，Vol. 55, No. 10, pp. 28-36.

[7] 和泉潔（2019）ビッグデータと人工知能を用いたファイナンス研究の潮流．金融研究，Vol. 38, No. 1, pp. 15-28.

[8] A. K. Nassirtoussi et al. (2014) Text mining for market prediction: A systematic review. *Expert Systems with Applications*, Vol. 41, No. 16, pp. 7653-7670.

[9] 三菱 UFJ トラスト投資工学研究所（編）（2018）実践 金融データサイエンス：隠れた構造をあぶり出す 6 つのアプローチ．日本経済新聞出版社．

[10] 酒井浩之・他（2015）企業の決算短信 PDF からの業績要因の抽出．人工知能学会論文誌，Vol. 30, No. 1, pp. 172-182.

[11] 工藤拓・松本裕治（2002）チャンキングの段階適用による日本語係り受け解析．情報処理学会論文誌，Vol. 43, No. 6, pp. 1834-1842.

[12] T. Mikolov et al. (2013) Efficient estimation of word representations in vector space. CoRR, 2013.

[13] T. Mikolov et al. (2013) Distributed representations of words and phrases and their compositionality. In C. J. C. Burges et al. eds., *Advances in Neural Information Processing Systems 26*, pp. 3111-3119. Curran Associates, Inc.

[14] T. Mikolov et al. (2013) Exploiting similarities among languages for machine translation. arXiv preprint arXiv:1309.4168.

[15] P. Bojanowski et al. (2017) Enriching word vectors with subword information. *Transactions of the Association for Computational Linguistics*, Vol. 5, pp. 135–146.

[16] J. Pennington et al. (2014) Glove: Global vectors for word representation. In *Proceedings of the 2014 Conference on Empirical Methods in Natural Language Processing (EMNLP)*, pp. 1532–1543. Association for Computational Linguistics.

[17] 本橋智光（2018）前処理大全：データ分析のための SQL/R/Python 実践テクニック. 技術評論社.

[18] 北川源四郎（2005）時系列解析入門. 岩波書店.

[19] 沖本竜義（2010）経済・ファイナンスデータの計量時系列分析. 朝倉書店.

[20] D. Kwiatkowski et al. (1992) Testing the null hypothesis of stationarity against the alternative of a unit root. *Journal of Econometrics*, Vol. 58, No. 1–3, pp. 159–178.

[21] S. E. Said and D. A. Dickey (1984) Testing for unit roots in autoregressive-moving average models of unknown order. *Biometrika*, Vol. 71, No. 3, pp. 599–607.

[22] P. C. B. Phillips and P. Perron (1988) Testing for a unit root in time series regression. *Biometrika*, Vol. 75, No. 2, pp. 335–346.

[23] J. Bollen et al. (2011) Twitter mood predicts the stock market. *Journal of computational science*, Vol. 2, No. 1, pp. 1–8.

[24] 余野京登・他（2019）Supervised LDA モデルによるニューステキストを用いたマクロ経済不確実性指数の構築. 人工知能学会全国大会論文集，4J3-J-13-02.

[25] I. Mani (2001) *Automatic summarization*, Vol. 3. John Benjamins Publishing.

[26] H. P. Luhn (1958) The automatic creation of literature abstracts. *IBM Journal of research and development*, Vol. 2, No. 2, pp. 159–165.

[27] C.-Y. Lin (2004) ROUGE: A package for automatic evaluation of summaries. In *Text Summarization Branches Out*, pp. 74–81, Barcelona, Spain, July 2004. Association for Computational Linguistics.

[28] K. Papineni et al. (2002) Bleu: a method for automatic evaluation of machine translation. In *Proceedings of the 40th Annual Meeting of the Association for Computational Linguistics*, pp. 311–318, Philadelphia, Pennsylvania, USA, July 2002. Association for Computational Linguistics.

[29] K. Ahmad et al. (2005) Textual and quantitative analysis: Towards a new, e-mediated social science. In *Proc. of the 1st International Conference on e-Social Science*, pp. 1–12.

[30] M.-A. Mittermayer and G. Knolmayer (2006) Text mining systems for market response to news: A survey. No. 184.

[31] Y.-W. Seo et al. (2004) Financial news analysis for intelligent portfolio management. Technical Report CMU-RI-TR-04-04, Carnegie Mellon University, Pittsburgh, PA, January.

[32] 高橋悟（2007）株式市場におけるヘッドラインニュースの効果についての研究. 日本ファイナンス学会第 15 回大会，2007, pp. 373–383.

[33] G. P. C. Fung et al. (2002) News sensitive stock trend prediction. In *the 6th Pacific-Asia Conference on Knowledge Discovery and Data Mining*, pp. 481-493.

[34] M. Mittermayer and G. F. Knolmayer (2006) Newscats: A news categorization and trading system. In *Sixth International Conference on Data Mining (ICDM'06)*, pp. 1002-1007, Dec. 2006.

[35] 丸山健・他（2008）インターネット株式掲示板の投稿内容と株式市場の関係．証券アナリストジャーナル，Vol. 46, No. 11・12, pp. 110-127.

[36] W. Antweiler and M. Z. Frank (2004) Is all that talk just noise? the information content of internet stock message boards. *Journal of Finance*, Vol. 59, No. 3, pp. 1259-1294.

[37] 和泉潔・他（2008）テキスト情報を用いた金融市場分析の試み．第 22 回人工知能学会全国大会論文集，2C3-2.

[38] 和泉潔・他（2010）テキスト情報による金融市場変動の要因分析．人工知能学会論文誌，Vol. 25, No. 3, pp. 383-387.

[39] 和泉潔・他（2011）テキスト分析による金融取引の実評価．人工知能学会論文誌，Vol. 26, No. 2, pp. 313-317.

[40] 和泉潔・他（2011）経済テキスト情報を用いた長期的な市場動向推定．情報処理学会論文誌，Vol. 52, No. 12, pp. 3309-3315.

[41] T. Kudo et al. (2004) Applying conditional random fields to japanese morphological analysis. *EMNLP*, Vol. 4, pp. 230-237.

[42] 大澤幸生（2006）チャンス発見のデータ分析：モデル化 + 可視化 + コミュニケーション→シナリオ創発．東京電機大学出版局．

[43] H. Akaike (1974) A new look at the statistical model identification. *IEEE Transactions on Automatic Control*, Vol. 19, pp. 716-723.

[44] 日本銀行調査統計局（1997）わが国金融経済の分析と展望：情勢判断資料(1997 年秋)，`https://www.boj.or.jp/research/past_release/js/js1997d.pdf`.

[45] 住友信託銀行・マーケット資金事業部門（2009）投資家のための金融マーケット予測ハンドブック(第 4 版)．日本放送出版協会．

[46] 宿輪純一（2010）為替相場と金利差の高い相関関係．国際経済・金融トピックス 61．三菱東京 UFJ 銀行．

[47] 酒井浩之・増山繁（2013）企業の業績発表記事からの重要業績要因の抽出．電子情報通信学会論文誌 D，Vol. J96-D, No. 11, pp. 2866-2870.

[48] 庵功雄（2001）新しい日本語学入門：ことばのしくみを考える．スリーエーネットワーク．

[49] H. Sakaji et al. (2008) Extracting causal knowledge using clue phrases and syntactic patterns. *7th International Conference on Practical Aspects of Knowledge Management*, pp. 111-122.

[50] 小林暁雄・他（2010）Wikipedia と汎用シソーラスを用いた汎用オントロジー構築手法．電子情報通信学会論文誌 D，Vol. J93-D, No. 12, pp. 2597-2609.

[51] 坂地泰紀・増山繁 (2011) 新聞記事からの因果関係を含む文の抽出手法. 電子情報通信学会論文誌 D, Vol. J94-D, No. 8, pp. 1496-1506.

[52] 坂本大祐・他 (2009) 企業業績要因文における因果関係の有無判定手法の提案. 言語処理学会第 15 回年次大会発表論文集, pp. 925-928.

[53] 池原悟・他 (編) (1997) 日本語語彙大系. 岩波書店.

[54] 坂地泰紀・増山繁 (2011) テキストマイニングによる因果関係抽出. 第 54 回自動制御連合講演会.

[55] H. Sakaji et al. (2017) Discovery of rare causal knowledge from financial statement summaries. In *Proceedings of the 2017 IEEE Symposium on Computational Intelligence for Financial Engineering and Economics* (*CIFEr*), pp. 602-608.

[56] K. Izumi and H. Sakaji (2019) Economic causal-chain search using text mining technology. In *Proceedings of the First Workshop on Financial Technology and Natural Language Processing*, pp. 61-65, Macao, China, August 2019.

[57] K. Nishimura et al. (2018) Creation of causal relation network using semantic similarity. 人工知能学会全国大会論文集, 1P1-04.

[58] 西村弘平・他 (2018) ベクトル表現を用いた因果関係連鎖の抽出. 第 20 回人工知能学会 金融情報学研究会資料, pp. 50-53.

[59] K. Nakagawa et al. (2019) Analysis of macro economic uncertainty from news text with financial market. In *Proceedings of 8th International Congress on Advanced Applied Informatics*.

[60] K. Izumi et al. (2020) Economic news impact analysis using causal-chain search from textural data. In *The AAAI-20 Workshop on Knowledge Discovery from Unstructured Data in Financial Services*.

[61] 山口和孝 (2003) ニューラルネットと遺伝的アルゴリズムを用いた株式売買支援システム. 東京大学大学院情報理工学系研究科電子情報学修士論文.

[62] D. Peramunetilleke and R. K. Wong (2002) Currency exchange rate forecasting from news headlines. *Aust. Comput. Sci. Commun.*, Vol. 24, No. 2, pp. 131-139.

[63] 山本裕樹・松尾豊 (2016) 景気ウォッチャー調査の深層学習を用いた金融レポートの指数化. 第 30 回人工知能学会全国大会論文集, 3L3-OS-16a-2.

[64] 塩野剛志 (2016) 文書の分散表現と深層学習を用いた日銀政策変更の予想. 第 16 回人工知能学会 金融情報学研究会, pp. 66-69.

[65] 伊藤諒・他 (2016) トピック別極性値付与方法による FOMC 議事録の評価. 第 17 回人工知能学会 金融情報学研究会資料, pp. 31-38.

[66] D. M. Blei et al. (2003) Latent Dirichlet allocation. *Journal of machine Learning research*, Vol. 3, pp. 993-1022.

[67] J. D. Mcauliffe and D. M. Blei (2008) Supervised topic models. In *Advances in neural information processing systems*, pp. 121-128.

[68] S. Hochreiter and J. Schmidhuber (1997) Long short-term memory. *Neural computation*,

Vol. 9, No. 8, pp. 1735-1780.

[69] A. Graves and J. Schmidhuber (2005) Framewise phoneme classification with bidirectional lstm and other neural network architectures. *Neural networks*, Vol. 18, No. 5-6, pp. 602-610.

[70] 坂地泰紀・他（2020）接触履歴を用いた地方景況感と業種間構造の分析．第 24 回人工知能学会 金融情報学研究会資料，pp. 98-102.

[71] L. Arras et al. (2017) Explaining recurrent neural network predictions in sentiment analysis. In *Proceedings of the 8th Workshop on Computational Approaches to Subjectivity, Sentiment and Social Media Analysis*, pp. 159-168, Copenhagen, Denmark, September 2017. Association for Computational Linguistics.

[72] T. Ito et al. (2016) Polarity propagation of financial terms for market trend analyses using news articles. In *2016 IEEE Congress on Evolutionary Computation* (*CEC*), pp. 3477-3482.

[73] C. Buchta et al. (2012) Spherical k-means clustering. *Journal of Statistical Software*, Vol. 50, No. 10, pp. 1-22.

[74] H. Sakai and S. Masuyama (2009) Assigning polarity to causal information in financial articles on business performance of companies. *IEICE transactions on information and systems*, Vol. 92, No. 12, pp. 2341-2350.

[75] 坪内孝太・山下達雄（2014）株価掲示板データを用いたファイナンス用ポジネガ辞書の生成．第 28 回人工知能学会全国大会論文集，3L4-OS-26b-1in.

[76] 伊藤友貴・他（2017）経済テキストデータを用いた極性概念辞書構築とその応用．第 18 回人工知能学会 金融情報学研究会，pp. 44-51.

[77] D. Kahneman (2011) *Thinking, fast and slow*. Farrar, Straus and Giroux, New York／村井章子 訳（2014）ファスト＆スロー（上・下）：あなたの意思はどのように決まるか? 早川書房.

[78] Y. Bengio (2019) From system 1 deep learning to system 2 deep learning NeurIPS2019 Invited Talk.

[79] 宇宙航空研究開発機構．地球の周りを回っている人工衛星の数はいくつくらいありますか？ | ファン！ファン！JAXA！ http://fanfun.jaxa.jp/faq/detail/57.html.

[80] 日本経済新聞（2013）AP 通信のツイッター乗っ取り 偽情報で株乱高下．2013 年 4 月 24 日.

[81] 和泉潔・他（2017）マルチエージェントのためのデータ解析．コロナ社.

[82] 日本経済新聞（2018）AI も手を焼く日本株．2018 年 8 月 31 日朝刊.

[83] D. Silver et al. (2016) Mastering the game of Go with deep neural networks and tree search. *Nature*, Vol. 529, No. 7587, pp. 484-489.

[84] N. Raman and J. L. Leidner (2019) Financial market data simulation using deep intelligence agents. In Y. Demazeau et al. eds., *Advances in Practical Applications of Survivable*

Agents and Multi-Agent Systems: The PAAMS Collection, pp. 200‒211. Springer International Publishing.

[85] 塩野剛志（2018）アセット・リターン予測 AI とマクロ経済理論の融合：マルチタスク学習による正則化と識別. 第 21 回人工知能学会 金融情報学研究会資料, pp. 33‒40.

[86] 和泉潔（2012）金融市場：人工市場の観点から. 杉原正顯・他（編）岩波講座計算科学〈6〉計算と社会. 岩波書店, pp. 69‒122.

[87] 水田孝信・他（2013）人工市場シミュレーションを用いた取引市場間におけるティックサイズと取引量の関係性分析. JPX ワーキング・ペーパー, Vol. 2.

[88] J. Devlin et al. (2019) BERT: Pre-training of deep bidirectional transformers for language understanding. In *Proceedings of the 2019 Conference of the North American Chapter of the Association for Computational Linguistics: Human Language Technologies, Volume 1 (Long and Short Papers)*, pp. 4171‒4186, Minneapolis, Minnesota, June 2019. Association for Computational Linguistics.

[89] J. Hiew et al. (2019) Bert-based financial sentiment index and lstm-based stock return predictability. arXiv:1906.09024.

[90] Ernst & Young (2016) UK FinTech: On the cutting edge: An evaluation of the international FinTech sector, 2016. https://www.gov.uk/government/publications/uk-fintech-on-the-cutting-edge.

索　引

和泉 潔（はじめに，第 1・3・5・7 章，9.2 節執筆）
東京大学大学院工学系研究科教授．
専門は，社会経済データマイニング，社会シミュレーション，知能情報学．
著書に『計算と社会』（共著，岩波書店），『マルチエージェントのためのデータ解析』，『マルチエージェントによる金融市場のシミュレーション』（いずれも共著，コロナ社）がある．

坂地泰紀（第 2・6 章，8.4〜9.1 節執筆）
東京大学大学院工学系研究科特任講師．
専門は，自然言語処理，テキストマイニング．

松島裕康（第 4 章，8.1〜8.3 節執筆）
滋賀大学データサイエンス教育研究センター准教授．
専門は，マルチエージェントシミュレーション，進化計算，知能情報学．

テキストアナリティクス 6
金融・経済分析のためのテキストマイニング

2021 年 1 月 22 日　第 1 刷発行

著　者　和泉　潔　坂地泰紀　松島裕康
　　　　いずみ　きよし　さかじ　ひろき　まつしまひろやす

発行者　岡本　厚

発行所　株式会社　岩波書店
　　　　〒101-8002 東京都千代田区一ツ橋 2-5-5
　　　　電話案内　03-5210-4000
　　　　https://www.iwanami.co.jp/

印刷製本・法令印刷

文字データから
価値を引き出す!
最新知見満載の
画期的シリーズ

Text Analytics

テキストアナリティクス 全7巻

金 明哲 [監修]

A5判並製・カバー

* は既刊

──── 岩 波 書 店 刊 ────

定価は表示価格に消費税が加算されます
2021 年 1 月現在